中学受験算数

筑駒・開成・麻布・桜蔭・女子学院中学校の過去問3年分解説

KAI算数教室

はじめに（受験生の皆様へ）

この世には何らかの原理があります。

人間の身体は水分 78％でそれ以外は 22％です。
空気の成分は窒素が 78％で酸素、二酸化炭素、それ以外が 22％です。
腸内の細菌は善玉菌 78％、悪玉菌が 22％が理想的とされています。
足裏の体重負荷率はかかと 78％、つまさき 22％です。
コーラの瓶の縦と横の長さの比率は 78:22 です。

およそ 8:2 の割合で構成されている物事は、多様な範疇でみられます。

同じ巣のアリを 10 匹集めると 2 匹ほど働かないアリがみつかります。
例えばサムライアリに襲撃された時などのイレギュラーに対応するため「働かない」という役割を担っているとされています。

余裕、余力を残して行動することが生存戦略として大切だという事です。

人間の日常生活においての言動もおそらく同様です。常に 100 点満点の言動、たちふるまいでは周囲に角が立ち、生存戦略としては不得手と言えます。
ストイックな人間であったとしても、遊び心がまるでなければおそらく精神はきしんでしまいます。
合理性をもって生きようとすれば、78 点程度の言動を心がけることが好ましいのです。

ただし、昆虫とは違い人間の場合は 100 点以外は許されないという時があります。

　野口英世のお母さん（シカさん）は息子が手にやけどをして使えなくなり、学校へ行かなくなった時、100点満点あるいはそれ以上の言動が必要になりました。

　身を賭した掛け値なしの良心があるか否かを試されました。
　そして100点以上の回答を清作（野口英世）に魅せました。

　これほど極端な例ではないとしても100点以外は許されないというシチュエーションがあります。多くはマイナスの出来事となって目の前に登場します。

　そこでは人間自体を試されることになります。
　その際、身を賭した誠実な行動をとれたとしたら、好ましい価値を手にできるのかもしれません。

　何も手にしなかったとしても、それをみた周りの人の心は動きます。
　自分と自分の周りの人達の未来を変える大切な布石になるはずです。

　人間は事実や原理ではなく、心で動く生き物だからです。

　そして、心を磨くことが学ぶことや働くことの究極の目的なのではないかと私は思います。

KAI算数教室代表　宮本健太郎

手書きで書いているため文字や図が見にくい場合は、下記までお問い合わせください。ご対応いたします。
　　KAI算数教室代表　宮本 spkf9vw9@estate.ocn.ne.jp

もくじ

はじめに………………………………………………………………… 2

■ 筑波大学附属駒場中学校

2022 年度 …………………………………………………………… 7
2021 年度 …………………………………………………………… 19
2020 年度 …………………………………………………………… 29

■ 開成中学校

2022 年度 …………………………………………………………… 41
2021 年度 …………………………………………………………… 53
2020 年度 …………………………………………………………… 63

■ 麻布中学校

2022 年度 …………………………………………………………… 77
2021 年度 …………………………………………………………… 87
2020 年度 …………………………………………………………… 97

■ 桜蔭中学校

2022 年度 …………………………………………………………… 113
2021 年度 …………………………………………………………… 125
2020 年度 …………………………………………………………… 135

■ 女子学院中学校

2022 年度 …………………………………………………………… 147
2021 年度 …………………………………………………………… 161
2020 年度 …………………………………………………………… 171

おわりに………………………………………………………………… 182

筑波大学附属駒場中学校
2022 ～ 2020 年度
算数の問題

2022年度筑波大学附属駒場中学校

【算数】（40分）（満点100点）

［注意］　円周率は3.14を用いなさい。

1　　ある整数を，2個以上の連続した整数の和で表すことを考えます。ここでは，整数○から整数△までの連続した整数の和を〈○〜△〉と書くことにします。

　　たとえば，9 = 2 + 3 + 4なので，9は〈2〜4〉で表せます。9を2個以上の連続した整数の和で表すとき，考えられる表し方は〈2〜4〉と〈4〜5〉のちょうど2種類です。

　　次の(1)から(3)の整数を，2個以上の連続した整数の和でそれぞれ表すとき，考えられる表し方を〈○〜△〉のようにしてすべて答えなさい。

(1) 50

(2) 1000

(3) 2022

解説 ①

① i)〈連続した数が偶数個の場合〉［図1］のように中心から対称にペアを作っていくと、どのペアの和も等しくなり、またその和は［図1］の㋐と㋑では連続した2つの整数の和となるので、奇数となる。
ii)〈連続した数が奇数個の場合〉［図2］のように中心が真ん中の数となり、真ん中の数をはさんで対称にペアを作っていくと、ペアの和の平均が中央の数と等しくなる。

i)〈偶数個の場合〉 全ての和は「ペアの数×ペアの和」となる。 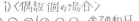 ［図1］

ii)〈奇数個の場合〉 全ての和は「中央の数×整数の個数」となる。 ［図2］

(1) 50を2つの整数のかけ算で表わすと、50＝1×50、2×25、5×10となる。1×50は連続する整数のペアが50組でペアの和が1とすると成立しない。また連続する整数の個数が1でも条件に合わない。よってかけ算で表わしたとき「偶数×1」となるものは不適当である。

・ 2×25 はi)で連続する整数のペアが2組でその和が25である。［図3］で㋐＋㋑＝25なので㋐＝(25−1)÷2＝12。よって4つの整数は(11,12,13,14)で(11〜14)となる。 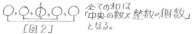 和が25 和が25 ［図3］

・ 5×10 はii)で連続する整数の個数が5個で中央の数が10であるので、5個の整数は(8,9,⑩,11,12)で(8〜12)となる。［図4］。  ［図4］

よって答えは(11〜14)、(8〜12)となる。

(2) 1000を2つの整数のかけ算で表わすと、1000＝1×1000、2×500、4×250、5×200、8×125、10×100、20×50、25×40で「1以外の奇数を含む積」で考える。

・ 5×200 はii)で連続する整数の個数が5個で中央の数が200である。5つの整数は(198,199,200,201,202)で(198〜202)となる。［図5］。 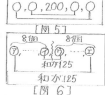 ［図5］

・ 8×125 はi)で連続する整が8組でそのペアの和が125である。［図6］。㋐＝(125−1)÷2＝62で㋐＝62−7＝55、㋑＝62＋8＝70。計算すると左記の様になる。全て書き出すと(55,56,57,58,59,60,61,62,63,64,65,66,67,68,69,70)で(55〜70)となる。 ［図6］

・ 25×40 はii)で連続する整数が25個で中央の数が40である。㋐＝40−12＝28、㋑＝40＋12＝52となる。よって(28〜52)。［図7］。 ［図7］

よって答えは(198〜202)、(55〜70)、(28〜52)となる。

(3) 2022を2つの整数の積で表わすと、2022＝1×2022、2×1011、3×674、6×337で「1以外の奇数を含む積」で考える。

・ 2×1011 はi)で連続する整数は2組でそのペアの和が1011である。［図8］。㋑＝(1011−1)÷2＝505なので(504,505,506,507)で(504〜507)となる。   ［図8］

・ 3×674 はii)で連続する整数の個数が3個で中央の数が674である。よって(673,674,675)で(673〜675)となる。［図9］。 ［図9］

・ 6×337 はi)で連続する整数が6組でそのペアの和は337である。［図10］。㋑＝(339−1)÷2＝168、㋐＝168−5＝163、㋑＝168＋6＝174なので(163〜174)となる。  それぞれのペアの和が337 ［図10］

よって答えは(504〜507)、(673〜675)、(163〜174)となる。

2　　縦と横にまっすぐな道が何本か通っている街があります。縦の道を 1, 2, 3, …, 横の道をア, イ, ウ, …として, 縦の道と横の道が交わる場所をすべて「交差点」と呼びます。たとえば, 1 の道とアの道が交わる場所は, 交差点 1 −アと表します。

図①

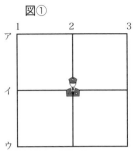

　このような街で, 交差点に警察官を配置することを考えます。警察官は, 道を通って他の交差点にかけつけます。道でつながっている隣りあう 2 つの交差点間の道のりは, すべて 1km です。

　たとえば, 図①のような, 縦に 3 本, 横に 3 本の道が通っている 9 個の交差点がある街で, 交差点 2 −イに警察官を 1 人配置すると, 街のすべての交差点に, 警察官が 2km 以内の移動距離でかけつけることができます。

　次の問いに答えなさい。

(1)　図②のような, 縦に 4 本, 横に 3 本の道が通っている, 12 個の交差点がある街に, 2 人の警察官を配置します。

図②

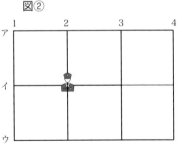

　交差点 2 −イに 1 人目の警察官を配置しました。2 人目の警察官をどこかの交差点に配置して, 街のすべての交差点に, いずれかの警察官が 2km 以内の移動距離でかけつけられるようにします。2 人目の警察官を配置する交差点として考えられる場所は何か所ありますか。

(2)　　図③のような，縦に 4 本，横に 4 本
の道が通っている，16 個の交差点があ
る街に，何人かの警察官を配置します。
街のすべての交差点に，いずれかの
警察官が 2km 以内の移動距離でかけ
つけられるようにします。何人の警察
官を配置すればよいですか。考えられ
るもっとも少ない人数を答えなさい。

図③

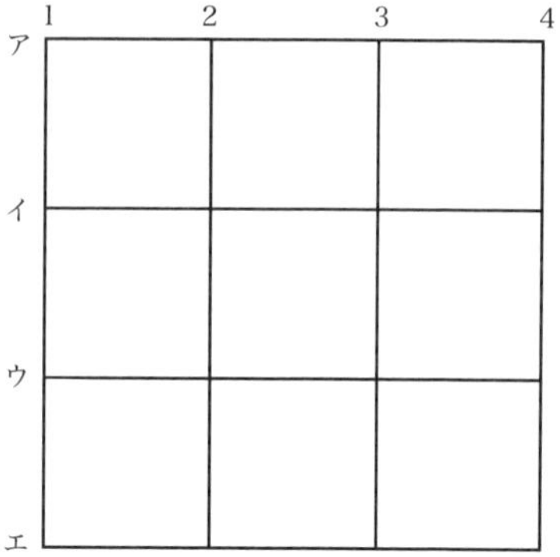

(3)　　縦に 15 本，横に 15 本の道が通っている，225 個の交差点がある街に，
4 人の警察官を配置します。このとき，街のすべての交差点に，いず
れかの警祭官が □ km 以内の移動距離でかけつけられるよう配置
することができます。

　　□ にあてはまる整数のうち，考えられるもっとも小さいもの
を答えなさい。

解説②

② (1) 1人目の警察官が[図11]の交差点2~イに配置されたとき, 2km以内で移動できる場所は●をつけた所になる。1人目が2km以内に移動できない2ヶ所の□に2km以内に移動できる点を考える。すると[図12]の4ヶ所となる。

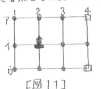
[図11]

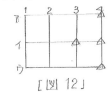
[図12]

4ヶ所〟

(2) 16個の交差点では警察官の配置は[図13]の3通りとなり, それぞれの警察官の位置での, 2km以内の範囲を●で表わす。

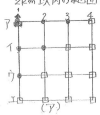
(ア)

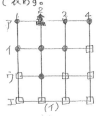
(イ)

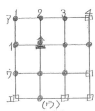
(ウ)

[図13]

[図13]で1人目の警察官がかけつけることのできない2kmより離れた点を□とすると, (ア), (イ), (ウ)ともに, 2人目の警察官だけでは全ての□を2km以内にかけつけることができない。3人目で全ての□を2km以内でかけつけることができる。 3人〟

(3)

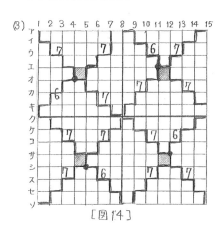
[図14]

4人の警察官はなるべく中心からも四隅からも等しい距離に配置するので[図14]のように4つのエリアに分ける。その真ん中(斜線部)のマスの4点の組み合わせで, 全ての移動距離が一番小さくなるものを考える。

[図14]の●のように配置すると, 全ての交差点を7km以内で行くことができる。

7〟

3　　　たがいに平行な 3 本の直線㋐，㋑，㋒がこの順に並んでいます。㋐上には点 P があり，P は毎秒 1m の速さで㋐上を矢印の方向に動きます。㋑上には長さ 5m の厚みがない壁があり，㋒上には動かない点 A があります。
　　　直線 PA と壁が交わるとき，A から見て P は壁に隠れて見えません。また，A から見て P がいずれの壁にも隠れていないとき，P は A から見えています。次の問いに答えなさい。

(1)　　図①では，㋐と㋑，㋑と㋒の間かくは，それぞれ 3m です。㋑上の壁は動きません。A から見ると，P は動き始めてしばらくして壁に隠れ，やがて再び見えるようになりました。A から見て，P が壁に隠れていた時間は何秒ですか。

図①

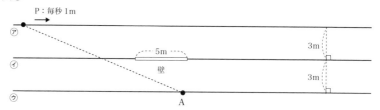

(2)　　図②では，㋐と㋑，㋑と㋒の間かくは，それぞれ 3m です。㋑上の壁は P が動く方向と同じ方向に毎秒 2m の速さで動きます。A から見ると，P は動き始めてしばらくして壁に隠れ，やがて再び見えるようになりました。A から見て，P が壁に隠れていた時間は何秒ですか。

図②

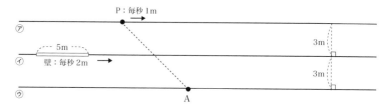

(3)　図③のように，⑦と平行な直線㊁があり，4本の直線⑦，④，⑦，㊁がこの順に並んでいます。⑦と④，④と㊁，㊁と⑦の間かくは，それぞれ3mです。④上の壁はPが動く方向と同じ方向に，㊁上の壁はPが動く方向と反対の方向に，それぞれ毎秒2mの速さで動きます。Aから見ると，Pは動き始めてしばらくして④上の壁に隠れ，やがて再び見えるようになり，そのまま見え続けました。Aから見て，Pがいずれかの壁に隠れていた時間は何秒ですか。考えられるもののうち，もっとも短い時間ともっとも長い時間を答えなさい。

図③

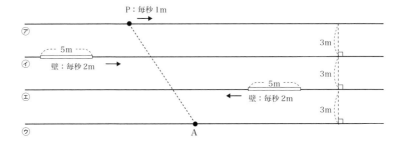

解説③

③(1)⑦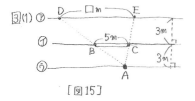
[図15]

壁の両端を点B、Cとする。点Aから点B、Cに向って直線を描き、その延長線と直線⑦との交点をD、Eとする。[図15] 三角形ABCと三角形ADEは相似であり、相似比は1:2となるので、DEの長さは、5:DE＝1:2。DE＝10m となる。PがDE上にあるとき、AからPは見えなくなるので、Pが隠れている時間は 10m÷1m/秒＝10秒。　**10秒**

(2)⑦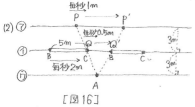
[図16]

点PとAを結んだ直線と直線①との交点を点Qとする。[図16]の三角形APP'と三角形AQQ'は相似比が2:1の相似の三角形となるので、同じ時間で、QはPの $\frac{1}{2}$ の距離を進むことになる。よってQの速さは毎秒0.5m。Qと壁が重なっているときPはAから見えなくなるので通過算のように計算していくと $5m÷(2-0.5)=\frac{10}{3}=3\frac{1}{3}$ 　**$3\frac{1}{3}$秒**

(3)⑦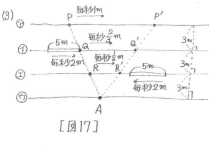
[図17]

[図17]のように点PとAを結んだ直線と直線⑦、①との交点をそれぞれQ、Rとすると、三角形APP'と三角形AQQ'と三角形ARR'は3:2:1の相似の三角形となる。

よってP、Q、Rのそれぞれの速さは P＝毎秒1m、Q＝毎秒$\frac{2}{3}$m、R＝毎秒$\frac{1}{3}$m。

・Pが直線①の壁に隠れている時間は
$5m÷(2-\frac{2}{3})=3\frac{3}{4}$(秒)

・Pが直線⑦の壁に隠れている時間は
$5m÷(2+\frac{1}{3})=2\frac{1}{7}$(秒)

・もっとも短かい時間は点Pが直線①の壁に隠れている間に直線⑦の壁が通り過ぎるので
$3\frac{3}{4}$ 秒

・もっとも長い時間は、点Pが直線①の壁に隠れていた直後に直線⑦の壁に隠れる(またはその逆)ので
$3\frac{3}{4}+2\frac{1}{7}=5\frac{25}{28}$ 　　$5\frac{25}{28}$秒

4 つくこま中学校の文化祭では，開場前に，整理番号 1 ～ 545 の 545 人のお客さんが番号の小さい順に一列に並んでいて，次のように 3 か所の窓口で担当者が受付をします。

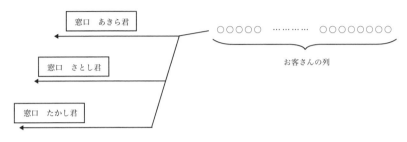

お客さんの列

受付は以下のように行います。

・あきら君，さとし君，たかし君の 3 人が，それぞれの窓口で受付を担当します。

・お客さん 1 人あたりの受付にかかる時間は，あきら君が 10 秒，さとし君が 13 秒，たかし君が 15 秒です。

・お客さんは整理番号の小さい順に，3 か所ある窓口のうち，あいているところで受付をします。

・同時に窓口があいたときは，列に近い窓口から受付をします。窓口は，列に近い順に，あきら君の窓口，さとし君の窓口，たかし君の窓口です。

・受付が終わった窓口では，そのとき列の先頭にいるお客さんの受付がすぐに始まります。お客さんが列から窓口へ移動する時間は考えません。

・1 か所の窓口に，同時に 2 人以上のお客さんが行くことはありません。

文化祭の開場と同時に，整理番号 1 のお客さんがあきら君の窓口に，整理番号 2 のお客さんがさとし君の窓口に，整理番号 3 のお客さんがたかし君の窓口に行くとして，次の問いに答えなさい。

(1) あきら君が受付をする，ちょうど 30 人目のお客さんの整理番号を答えなさい。

⑵　（ア）整理番号 $\boxed{165}$ のお客さんの受付が終わるのは，文化祭の開場
　　から何秒後ですか。

　　　（イ）整理番号 $\boxed{165}$ のお客さんの受付をするのは，あきら君，さと
　　し君，たかし君の 3 人のうち誰ですか。

　　　開場からしばらくして，窓口のあきら君，さとし君，たかし君のう
　　ち 1 人が，あるお客さんの受付を終えると同時に，ゆたか君と交代し
　　ました。ゆたか君がお客さん 1 人あたりの受付にかかる時間は 8 秒です。
　　この結果，文化祭の開場からちょうど 2022 秒後に，整理番号 $\boxed{545}$ の
　　お客さんの受付が終わりました。

⑶　ゆたか君は，文化祭の開場から何秒後に，あきら君，さとし君，た
　　かし君のうち誰と交代しましたか。

解説 ④

4 (1) あきら君が30人目のお客さんの受付を始める時刻は29人目のお客さんを終了する時刻と
同じであるので、29人 × 10秒 = 290秒後。その間に、さとし君、たかし君が何人受付をするか
(終了していなくてもよい)を考える。

さとし君：290 ÷ 13 = 22あまり4　　22 + 1 = 23(人)

たかし君：290 ÷ 15 = 19あまり5　　19 + 1 = 20(人)

よって あきら君の30人目のお客さんの整理番号は　30 + 23 + 20 = 73　　　<u>73 〃</u>

(2) あきら君、さとし君、たかし君の 1人あたりの受付にかかる時間は 10秒、13秒、15秒で
あるので、仕事量(同じ時間で受付できる人数)の比はその逆比になるので、
$\frac{1}{10} : \frac{1}{13} : \frac{1}{15}$ = 39 : 30 : 26。あきら君が39人受付するのにかかる時間は 39 × 10 = 390秒
なので、390秒間であきら君は 39人、さとし君は30人、たかし君は26人受付する。390秒間
に3人で受付する人数は 39 + 30 + 26 = 95(人)で、165人では、390秒 : 95人 = x秒 : 165人
x = 677.36‥秒かかる。そこであきら君、
さとし君、たかし君が670秒でそれぞれ、何
人受付するかを計算し[図18]にまとめる。

あきら君：670 ÷ 10 = 67(人)

さとし君：670 ÷ 13 = 51(人)あまり7(秒)

たかし君：670 ÷ 15 = 44(人)あまり10(秒)

[図18]のトータル数は3人を合わせた、受付終了人数となるので、660秒では、66 + 50 + 44 = 160(人)。
そこから順に数えていくと、165のお客さんが終了する時間は 680秒後で受付をするのは
あきら君となる。　　<u>(ア) 680秒後 〃</u>　　<u>(イ) あきら君 〃</u>

[図18]

(3) あきら君、さとし君、たかし君が 2022秒
後にどの様な状況になっているかを
[図19]にまとめると、

あきら君：2022 ÷ 10 = 202(人)あまり2(秒)

さとし君：2022 ÷ 13 = 155(人)あまり7(秒)

たかし君：2022 ÷ 15 = 134(人)あまり12(秒)

となり、3人とも2022秒ちょうどには終らない。　　　[図19]

よって 2022秒後にちょうど受付を終えるのは ゆたか君であり、545のお客さんである。ゆたか

i) <u>あきら君とゆたか君が交代したら</u>

545人 - (155人 + 134人) = 256人 (あきら君とゆたか君が受付する人数)

$(2022 \times \frac{1}{8} - 256) \div (\frac{1}{8} - \frac{1}{10})$ …… 下線①が0より小さくなり不適当
　　　　①

ii) <u>さとし君とゆたか君が交代したら</u>

545人 - (202 + 134) = 209人 (さとし君とゆたか君が受付する人数)

$(2022 \times \frac{1}{8} - 209) \div (\frac{1}{8} - \frac{1}{13})$ = 735秒　　(2022 - 735) ÷ 8 = 160あまり5

ゆたか君も 2022秒ちょうどで終わらないので 不適当

iii) <u>たかし君とゆたか君が交代したら</u>

545人 - (202 + 155) = 188人 (たかし君とゆたか君が受付する人数)

$(2022 \times \frac{1}{8} - 188) \div (\frac{1}{8} - \frac{1}{15})$ = 1110(秒)　　(2022 - 1110) ÷ 8 = 114 …… 割り切れるので、たかし君が

ゆたか君と1110秒で交代すると、2022秒後に545人目が終る。<u>たかし君と1110秒で交代する〃</u>

2021年度筑波大学附属駒場中学校

【算数】（40分）（満点100点）
［注意］　円周率は3.14を用いなさい。

1　　図のように2つの円があります。は
じめ，大きい円の半径は5cm，小さい
円の半径は4cmで，1秒ごとにそれぞ
れが1cmずつ大きくなっていきます。
ただし，小さい円は，つねに大きい円
の内側にあります。

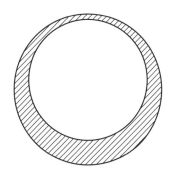

　つまり，2つの円の半径は，1秒後
は6cmと5cm，2秒後は7cmと6cm，
……になります。

　図で斜線をつけた，2つの円のあいだの部分について，次の問いに答え
なさい。

(1)　5秒後における，2つの円のあいだの部分の面積を求めなさい。

(2)　2つの円のあいだの部分の面積が，はじめて2021cm²をこえるのは何
秒後ですか。整数で答えなさい。

(3)　ある時刻における，2つの円のあいだの部分の面積をScm²，その1秒
後における，2つの円のあいだの部分の面積をTcm²とします。
　$T \div S$の値が，はじめて1.02より小さくなるような「ある時刻」は
何秒後ですか。整数で答えなさい。

解説①

①(1) 5秒後の大きい円の半径 ： 5+5＝10 (cm)
　　　　　小さい円の半径 ： 4+5＝9 (cm)
　　「2の円のあいだの面積」＝「大きい円の面積」－「小さい円の面積」
　　10×10×3.14－9×9×3.14＝(100－81)×3.14＝19×3.14＝59.66　　　　　59.66 cm²〃

(2) 0秒後：5×5×3.14－4×4×3.14＝(25－16)×3.14＝ 9 ×3.14
　　1秒後：6×6×3.14－5×5×3.14＝(36－25)×3.14＝ 11 ×3.14
　　2秒後：7×7×3.14－6×6×3.14＝(49－36)×3.14＝ 13 ×3.14
　　3秒後：8×8×3.14－7×7×3.14＝(64－49)×3.14＝ 15 ×3.14

　　□ は9から始まり2ずつ増える等差数列になっている。
　　2021＜□×3.14となる□は 2021÷3.14＝643.6… より □＞643.6…。
　　□は643.6…より大きい奇数なので、そのうち最も小さい数は645。
　　645＝9+2×N （NはN秒後）
　　N＝(645－9)÷2＝318　　　　　318秒後〃

(3)

時間 (秒後)	0	1	2	3	……
S (cm²)	9×3.14	11×3.14	13×3.14	15×3.14	……
T (cm²)	11×3.14	13×3.14	15×3.14	17×3.14	……
T÷S	$\frac{11}{9}$	$\frac{13}{11}$	$\frac{15}{13}$	$\frac{17}{15}$	……

[図1]
時間の経過と T÷S の値の関係は [図1] のようになる。

T÷S＝$\frac{□+2}{□}$ となり その値が1.02＝$\frac{1.02}{1}$ より 小さくなる□を求める。

T÷S＝$\frac{1.02}{1}$＝$\frac{102}{100}$ のときの T，9の値を T′，9′とすると、[図2]のようになり、

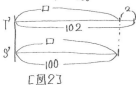

[図2]

　　T′＝102、S′＝100となる。
　　T÷9＜$\frac{102}{100}$ で" T、Sとも奇数であるので
　　S＝101，T＝103となる。
　　Sの値が101になる時間 (N秒後) は
　　N＝(101－9)÷2＝46　　　　　46秒後〃

2 　整数を横一列に並べてできる数を考えます。たとえば，1 から 10 まで
のすべての数をひとつずつ並べると

　　　12345678910

という 11 けたの数ができます。また，1 から 20 までのすべての数をひと
つずつ並べると

　　　1234567891011121314151617181920

という 31 けたの数ができます。

　次の問いに答えなさい。

(1)　1 から 100 までのすべての数をひとつずつ並べてできた数に，数字「2」
　　は全部で何個ありますか。

　　　たとえば，1 から 20 までのすべての数をひとつずつ並べてできた数
　　に，数字「2」は全部で 3 個あります。

(2)　1 からある数までのすべての数をひとつずつ並べてできた数に，数
　　字「0」が全部で 200 個ありました。ある数を求めなさい。

(3)　1 から 1000 までのすべての数をひとつずつ並べたとき，何けたの数
　　ができますか。

(4)　整数のうち，数字「1」，「2」，「0」のみが使われた数を考えます。
　　　たとえば，このような数だけを，小さい順に 1 から 20 までひとつず
　　つ並べると

　　　　1210111220

　　という 10 けたの数ができます。

　　　数字「1」，「2」，「0」のみが使われた数だけを，小さい順に 1 から
　　2021 までひとつずつ並べたとき，何けたの数ができますか。

解説②

②(1) 1けたの数(1から9まで)の十の位に0を付けて0から99までの数を 00, 01, 02, 03, …, 99 と表わすと全ての数は2けたとなる。

00から99まで数は100個、全て2けたなので並ぶ数字の数は 100×2＝200(個)
数字は0から9まで同じ回数が使われるので1つの数字は 200÷10＝20(回)ずつ使われる。
また、1けたの数の前に付けた0と、上記の計算に入らない100には「2」は含まないので、
「2」は全部で20個ある。　　　　　　　　　　　　　　　__20個__〃

(2) 各位で順に0の数を数えていくと

　　1から9までは　　0個
　　10から99までは　　9個 (10, 20, 30, 40, …, 90)
　　100から999までは

(1)より ⎰ 100から199まで 20個
　　　　│ 200から299まで 20個
　　　　│ 300から399まで 20個
　　　　│　　　　⋮
　　　　⎱ 900から999まで 20個
　　　　　　合計180個　　　　よって1から999までは 9＋180＝189(個)

数字「0」が200個になるまでは　あと　200－189＝11(個)

1000 , 1001 , 1002 , 1003 , 1004 …　　　__1004__〃
↑↑↑　　↑↑　　　↑↑　　　↑↑　　　↑↑
1 2 3　　4 5　　　6 7　　　8 9　　10 11

(3) 1から1000までにいくつ数字が並んでいるか計算する。

　　1から9まで … 9個×1けた　　⎫
　　10から99まで … 90個×2けた　⎬ 合計すると 9×1＋90×2＋900×3＋4 ＝ 2893(個)
　　100から999まで … 900個×3けた⎪　　　　　　　　　__2893けた__〃
　　1000 …… 4個　　　　　　　　⎭

(4) 0, 1, 2で構成される数列は3進法である。

けたが上がる　　　　　　けたが上がる　　　　　　　　　　　　　　けたが上がる
1, 2, |10, 11, 12, 20, 21, 22, |100, 101, 102, 110, 111, ……, 222,|1000, …… 2021
① ②　③　④　⑤　⑥　⑦　⑧　⑨　⑩　⑪　⑫　⑬　　㉖　　㉗
　　けたが上がる　　　　　けたが上がる　　　　　　　　　けたが上がる

3進法は10進法に直したとき(○数字)に ③、3×3＝⑨、3×3×3＝㉗…で「けた」が上がる。
各位で数字の数を計算すると

　　1けたの数は　③－1＝2(個) (③の1つ手前まで)
　　2けたの数は　⑨－1－2＝6(個) (⑨の1つ手前までの数から1けたの数を引いたもの)
　　3けたの数は　㉗－1－(2+6)＝18(個) (㉗の1つ手前までの数から1けたと2けたの数を引いたもの)
　　4けたの数は2021の10進法に直した数を求めて、1けたから3けたまでの数を引く。

2021
↑↑↑↑
3 3 3 1　　　[図3]のように 2021は1の位が「1」つ、3の位が「2」つ、3×3の位が「0」、3×3×3の位が「2」つ。
3 3 の　　　　よって10進法に直すと 1×1＋3×2＋3×3×0＋3×3×3×2＝61。ここから1けた〜3けたまで
3 位　　　　　の数を引くと 61－(2+6+18)＝35(個)
の
位　　　　　よって 1けた×2個 ＋ 2けた×6個 ＋ 3けた×18個 ＋ 4けた×35個 ＝ 208(個)
　　　　　　　　　　　　　　　　　　　　　　　　　　　　__208けた__〃
[図3]

3 次の問いに答えなさい。

(1) 右の図1は，同じ大きさの2つの正方形 ABCD, BEFC を並べてつくった長方形 AEFD です。

図1

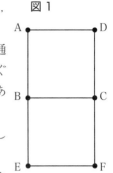

図の●で示した6個の点のうち，2個以上の点を通る直線を2本ひくとき，それらをそれぞれまっすぐのばすと，長方形 AEFD の外側で交わる場合があります。

このような，長方形の外側で交わる点の位置として，考えられるものは何通りありますか。

ただし，「長方形の外側」には，長方形の辺上や頂点はふくまないものとします。

(2) 右の図2は，同じ大きさの2つの立方体を積み重ねてつくった直方体です。

図3

図の●で示した12個の点のうち，2個以上の点を通る直線を2本ひくとき，それらをそれぞれまっすぐのばすと，直方体の外側で交わる場合があります。

図2

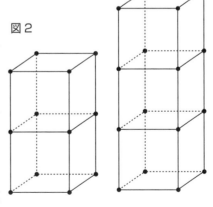

このような，直方体の外側で交わる点の位置として，考えられるものは何通りありますか。

ただし，「直方体の外側」には，直方体の面上，辺上，および頂点はふくまないものとします。

(3) 右上の図3は，同じ大きさの3つの立方体を積み重ねてつくった直方体です。

　図の●で示した 16 個の点のうち，2 個以上の点を通る直線を 2 本ひくとき，それらをそれぞれまっすぐのばすと，直方体の外側で交わる場合があります。

　このような，直方体の外側で交わる点の位置として，考えられるものは何通りありますか。

　ただし，「直方体の外側」には，直方体の面上，辺上，および頂点はふくまないものとします。

25

解説③

③(1) 考えられる ● の位置は以下のようになる。

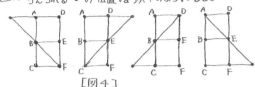

4通り

[図4]

(2)

[図5]

[図5]の斜線部の平面を考えると(1)で求めたように 4通り。
斜線部と同じ平面は4面あるので
　　　4×4＝16(通り)

[図6]

[図6]の斜線部の平面も、(1)で求めたように外部で交わる点は4通り。
斜線部と同じ平面は2面あるので
　　　4×2＝8(通り)

[図5]と[図6]を合わせて　16+8＝24(通り)

24通り

(3)

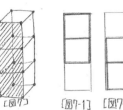

[図7]

[図7-1]　[図7-2]　[図7-3]

[図7]の斜線部の平面を考えると
[図7-1]の太線の2つの正方形では(1)同様4通り
[図7-2]の太線の2つの正方形でも同様に4通り
[図7-3]の太線の3つの正方形では[図7-4]の14通り
[図7-1]～[図7-3]を合計すると4+4+14＝22(通り)
[図7]の斜線部と同じ平面は4面あるので22×4＝88(通り)

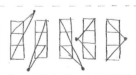

[図7-4]

[図8]

次に[図8]の斜線部の平面で考えると、[図7]と同様に22通り。
[図8]と同じ平面は2面あるので　　22×2＝44(通り)。

[図7]と[図8]を合わせて　88+44＝132(通り)

132通り

4 図のような三角形 ABC を底面とする三角柱があります。AB の長さは 12cm，BC の長さは 8cm，角 B は直角です。点 D，E，F はそれぞれ三角柱の辺上にあって，AD の長さは 5cm，BE の長さは 10cm，CF の長さは 4cm です。

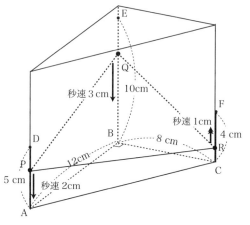

点 P は D を出発し，秒速 2cm で A に向かって進み，A に着いたらすぐに折り返し，秒速 2cm で D に向かって進み，D に着いたらまたすぐに折り返して，同じ動きをくり返します。

点 Q は E を出発し，秒速 3cm で B に向かって進み，B に着いたらすぐに折り返し，秒速 3cm で E に向かって進み，E に着いたらまたすぐに折り返して，同じ動きをくり返します。

点 R は C を出発し，秒速 1cm で F に向かって進み，F に着いたらすぐに折り返し，秒速 1cm で C に向かって進み，C に着いたらまたすぐに折り返して，同じ動きをくり返します。

3 点 P，Q，R が同時に動き始めるとき，次の問いに答えなさい。

⑴　QR と BC がはじめて平行になるのは，動き始めてから何秒後ですか。

⑵　三角柱を，三角形 PQR で 2 つに分け，三角形 ABC をふくむ方の立体を㋐とします。

　（ア）立体㋐がはじめて三角形 ABC を底面とする三角柱になるのは，動き始めてから何秒後ですか。

　（イ）立体㋐が三角形 ABC を底面とする三角柱になるとき，その三角柱の体積として考えられるものをすべて求めなさい。

解説 ④

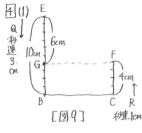

[図9]

点Fから辺BCに平行な直線を引き、その直線と辺EBとの交点を点Gとする。そして点QがEを出発して最初にGに着く時間と、点RがCを出発して最初にFに着く時間を計算する。

Q: 6cm ÷ 3cm/秒 = 2秒後
R: 4cm ÷ 1cm/秒 = 4秒後

よって点Q、Rはそれぞれが折り返す前に辺BCと平行になる。
QRとBCがはじめて平行になるのは、点QがEから点RがBから同時に出発して出会った時間と等しくなる。

10cm ÷ (3cm/秒 + 1cm/秒) = 2.5秒後   __2.5秒後__

(2)(ア) 点Pと R、点QとRが出会う時刻をそれぞれ計算して表とグラフを作っていく。

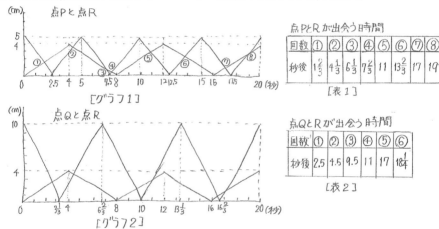

点PとRが出会う時間

回数	①	②	③	④	⑤	⑥	⑦	⑧
秒後	$1\frac{2}{3}$	$4\frac{1}{3}$	$6\frac{1}{3}$	$7\frac{2}{3}$	11	$13\frac{2}{3}$	17	19

[表1]

点QとRが出会う時間

回数	①	②	③	④	⑤	⑥
秒後	2.5	4.5	9.5	11	17	$18\frac{1}{4}$

[表2]

[グラフ1]

[グラフ2]

計算量が多いが地道に計算して表を作っていく。[グラフ1、2]において、20秒のラインを軸として線対称の形となる。よって初めて点P、Q、Rが同じ高さになるのは、[表1]と[表2]で点PとR、点QとRが同じ時間に出会う、11秒後となる。   __11秒後__

(イ) [表1]、[表2]で点P、Q、Rが同じ高さになるのは、11秒後と17秒後。その時の高さは
11 ÷ 4 = 2あまり3 、 17 ÷ 4 = 4あまり1 で 3cmと1cm。
また、20秒から40秒の間も同じ高さで3点が出会うことになる。
よって体積は、 8 × 12 ÷ 2 × 3 = 144 (cm³)
       8 × 12 ÷ 2 × 1 = 48 (cm³)   __144 cm³、48 cm³__

筑駒中　開成中　麻布中　桜蔭中　女子学院中

2020年度筑波大学附属駒場中学校

【算数】(40分)(満点100点)
[注意] 円周率は3.14を用いなさい。

1 次の問いに答えなさい。

(1) 1個50円の品物 A, 1個100円の品物 B をそれぞれ何個か買ったところ, 代金は1000円でした。A, B を買った個数の組み合わせとして考えられるものは何通りありますか。

ただし, どの品物もそれぞれ少なくとも1個は買うものとします。

(2) 1個50円の品物 A, 1個100円の品物 B, 1個150円の品物 C をそれぞれ何個か買ったところ, 代金は700円でした。A, B, C を買った個数の組み合わせとして考えられるものは何通りありますか。

ただし, どの品物もそれぞれ少なくとも1個は買うものとします。

(3) 1個47円の品物 X, 1個97円の品物 Y, 1個147円の品物 Z をそれぞれ何個か買ったところ, 代金は1499円でした。X, Y, Z を買った個数の組み合わせとして考えられるものは何通りありますか。

ただし, どの品物もそれぞれ少なくとも1個は買うものとします。

解説 ①

① (1) 〈いもづる算〉を使う。品物Aの個数をx個、品物Bの個数をy個として式を作ると、
50円×x個 + 100円×y個 = 1000 となる。各項を最大公約数で割って式を簡単にする。
$1×x + 2×y = 20$、この式からxとyの値を表にしていく。表の作り方は i) $y=0$としてxの値を求める。
$1×x + 2×0 = 20$、$x=20$。 ii) xは2ずつ増やしていき、yは1ずつ減らしていく。iii) x、yともに0以外
の組み合わせの数を数える。

x	0	2	4	6	8	10	12	14	16	18
y	10	9	8	7	6	5	4	3	2	1

xの変化の数
$1×x + 2×y = 20$
yの変化の数

1個以上買うので0は数えない。　　　　　　　　9通り

(2) 〈3つのいもづる算〉品物の種類は3つでそれぞれの単価と合計代金はわかっているが合計の個数
がわからないのでいもづる算で考えていく。単価の一番大きい品物Cの個数を、1個、2個、…と場合に
分けて、その時の品物A、Bの個数をいもづる算で求める。品物Aの個数をx個、Bの個数をy個、
Cの個数をz個として式を作ると、　50円×x個 + 100円×y個 + 150円×z個 = 700円。
各項を最大公約数で割ると、$1×x + 2×y + 3×z = 14$。　14÷3 = 4あまり2なので、zは
1〜4の範囲となる。

i) $z=1$のとき：
$1×x + 2×y + 3×1 = 14$
$1×x + 2×y = 11$

x	11	9	7	5	3	1
y	0	1	2	3	4	5

5通り

ii) $z=2$のとき：
$1×x + 2×y + 3×2 = 14$
$1×x + 2×y = 8$

x	8	6	4	2
y	0	1	2	3

3通り

iii) $z=3$のとき：
$1×x + 2×y + 3×3 = 14$
$1×x + 2×y = 5$

x	5	3	1
y	0	1	2

2通り

iv) $z=4$のとき：
$1×x + 2×y + 3×4 = 14$
$1×x + 2×y = 2$

x	2	0
y	0	1

0通り（どちらも0を含むので）

i)〜iv)を合計して　5+3+2+0 = 10(通り)　　10通り

(3) 品物Xの個数をx個、品物Yの個数をy個、品物Zの個数をz個として式を立てると 47×x +
97×y + 147×z = 1499 となり、簡単な式に直せない。zを場合分けしても10通りにもなるので大変である。
この場合は、単価の1の位が全て7で合計の代金の1の位が9に着眼し、7×□=□9となる□を考える。□=7。
合計の個数の1の位が7であることがわかる。ここで合計の個数の範囲は 1499÷47 = 31あまり42
（全て品物Xを買った場合の個数）、1499÷147 = 10あまり29（全て品物Zを買った場合の個数）より、
11個から31個までで、その中で1の位が7となるのは17個と27個である。場合に分けて考えていく。

i) 合計の個数が17個のとき

[図1]

全体の代金1499円から斜線の部分(47×17)を引き、白い部分で
〈いもづる算〉をする。　1499 − 47×17 = 700
$50×y + 100×z = 700$
$1×y + 2×z = 14$
6通り

$x+y+z=17$に
なるように、xを求める

y	14	12	10	8	6	4
z	0	1	2	3	4	5
x		4	5	6	7	8	9

ii) 合計の個数が27個のとき

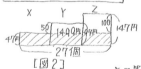
[図2]

i)と同様にyとzの式を作る。　1499 − 47×27 = 230
$50×y + 100×z = 230$
$5×y + 10×z = 23$　式の左側は5の倍数であるが右側は5の倍数
になっていないので、整数の答えはない。

よって答えは i)の　6通り　となる。

2 　100 から 199 までの 100 個の整数から 1 つ選び，それを「もとの数」と呼びます。「もとの数」の各桁の数字を入れかえてできる数と「もとの数」のうち，たがいに異なるものの和を「合計数」と呼びます。ただし，百の位が 0 となるものは 2 桁の数，百の位と十の位がともに 0 となるものは 1 桁の数として和を考えます。

　　　例えば「もとの数」が 100 のとき，「合計数」は 100，10，1 の和で，111 になります。

　　　「もとの数」が 101 のとき，「合計数」は 101，110，11 の和で，222 になります。

　　　「もとの数」が 111 のとき，入れかえても 111 だけなので，「合計数」は 111 になります。

　このとき，選んだ「もとの数」と「合計数」との関係は次の表のようになります。

もとの数	100	101	102	103	104	…	111	…	199
合計数	111	222	666	888	1110	…	111	…	

(1)　「もとの数」が 105 のとき，「合計数」を求めなさい。

(2)　「合計数」が 999 となるような「もとの数」があります。そのような「もとの数」をすべて答えなさい。

(3)　「合計数」が 2020 より大きくなる「もとの数」があります。そのような「もとの数」は何個ありますか。

解説②

②(1) 「もとの数」105を入れ替えてできる数は 105、150、501、510、015、051 の 6通り。「合計数」は
105+150+501+510+15+51 = 1332。   <u>1332</u>

(2) 「もとの数」と「合計数」にどの様なきまりがあるかを考える。

「もとの数」	100	101	102	103	104	---111	112	---123
「合計数」	111	222	666	888	1110	111	444	1332

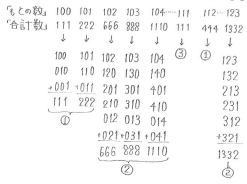

[きまり]
①「もとの数」に同じ数字が2つ入るとき。
　各位の合計 × 111 = 「合計数」
②「もとの数」が3つとも違う数字のとき。
　各位の合計 × 222 = 「合計数」
③「もとの数」が3つとも同じとき。(111のみ)
　「もとの数」=「合計数」

「合計数」が999になるには [きまり]①にあてはめると「もとの数」の各位の合計が9になる。
1+a+b=9、a+b=8で①は同じ整数が入るので、a=1または b=1または a=b となる。
よって 117、171、144 が考えられる。[きまり]②、③は「合計数」が999になるものは該当しない。
　　　　　よって答えは <u>117、171、144</u> となる。

(3) [きまり]① 各位の合計 > 2020÷111=18あまり22。「もとの数」の組み合わせを(1,a,b)とすると
1+a+b>18なので a+b>17。2つの数が等しく a+b>17となるものは199のみ。 1個。

[きまり]② 各位の合計 > 2020÷222=9あまり22。よって 1+a+b>9なので a+b>8で aとb
は 1以外の数で a≠b のもの。

a=2のとき b=7,8,9
a=3のとき b=6,7,8,9
a=4のとき b=5,6,7,8,9
a=5のとき b=6,7,8,9
a=6のとき b=7,8,9
a=7のとき b=8,9
a=8のとき b=9
a=9のとき b=0

} aとbの組み合わせは 23通りで、aとbを入れ替えることも
できるので　23×2=46 (個)

[きまり]③ 該当しない

よって [きまり]①② を合計して、1+46=47(個)   <u>47 個</u>

33

3 ある会社のタクシーでは，距離に関する料金が，2000 mまでの利用
で 740 円，そのあとは 280m の利用につき 80 円ずつ加算されます。

> したがって，利用した距離が 2000 m 以下のときは，距離に関する料金は 740 円，
> 　　　　　　利用した距離が 2000m をこえると，距離に関する料金は 820 円，
> 　　　　　　利用した距離が 2280m をこえると，距離に関する料金は 900 円，
> 　　　　　　……

となります。

(1) このタクシーを利用した距離が 5000m のとき，距離に関する料金
はいくらですか。

　この会社のタクシーでは，距離に関する料金に，時間に関する料金
を加えて「運賃」としています。

　時間に関する料金は，タクシーの利用開始から 3 分後に 80 円，そ
の後も 3 分ごとに 80 円ずつ加算されます。

> したがって，利用した時間が 3 分未満のときは，時間に関する料金は 0 円，
> 　　　　　　利用した時間が 3 分以上になると，時間に関する料金は 80 円，
> 　　　　　　利用した時間が 6 分以上になると，時間に関する料金は 160 円，
> 　　　　　　……

となります。

　タクシーの速さはつねに時速 42km であるとして，次の問いに答え
なさい。

(2) このタクシーを利用した距離が 7500m のとき，「運賃」はいくら
ですか。

(3) 「運賃」がはじめて 3700 円になるのは，このタクシーを利用した
距離が何 m をこえたときですか。

筑駒中　開成中　麻布中　桜蔭中　女子学院中

解説③

③(1)
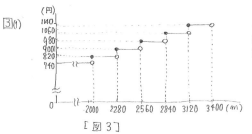
[図3]

距離値に関する料金は[図3]のように 増えて
いくので、距離値が5000mのときの料金は、
(5000-2000)÷280＝10あまり200
740円から 10+1＝11(回)加算されるので、
740＋80×11＝1620(円)

　　　　　　　　　1620円 〃

(2) タクシーの速さは常に 時速42km＝分速700mであるので、3分で2100mずつ進んでいく。
　 時間に関する料金をグラフにすると[図4]のようになる。よって距離値が7500mのとき、

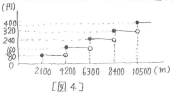
[図4]

・ 距離に関する料金 (7500-2000)÷280＝19あまり180
　 740＋(19+1)×80＝2340(円)
・ 時間に関する料金 7500÷2100＝3あまり1200
　 80×3＝240(円)
合計すると 2340＋240＝2580(円)　　2580円 〃

(3)
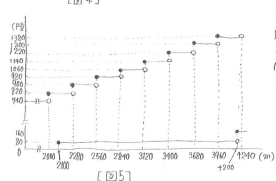
[図5]

「距離に関する料金」も「時間に
関する料金」も 1回に80円ずつ加算
されるので、「運賃」が3700円では
(3700-740)÷80＝37(回)加算
されている。(「距離に関する料金」と
「時間に関する料金」をあわせた数)。
また「距離に関する料金」は280m
ごとに1回、「時間に関する料金」は
2100mごとに1回、加算されるので、
280と2100の最小公倍数4200m
を周期として、1周期に「距離に関
する料金」は15回、「時間に関する

料金」は2回 加算される。(2000m以降)。1周期に 15+2＝17(回) 加算されるので、37回
は 37÷17＝2周期 あまり3回となり、この時の距離値を求める。
　2周期は 4200m×2＝8400m。それに3回の加算は、1回は「時間に関する料金」、
残り2回の加算のうち最後の1回は加算された瞬間の距離値となるので、あまりの3回の加算は
1回分のみ、距離値として計算する。280m×1＝280m。これに、2000mを加えて、合計すると、
　8400＋280＋2000＝10680(m)

　　　　　　　　　10680m 〃

4　図1のように，長方形ＡＢＣＤにおいて，辺 AB の長さが 2m，辺 AD の長さが 1m です。

　この長方形の内側に点Ｐを，4つの三角形 PAB，PBC，PCD，PDA の面積がすべて異なるようにとります。4つの三角形を，面積の小さい順に㋐，㋑，㋒，㋓としたところ，三角形 PAB が㋐となり，㋐と㋑，㋑と㋒，㋒と㋓の面積の差がすべて等しくなりました。下の問いに答えなさい。

図1

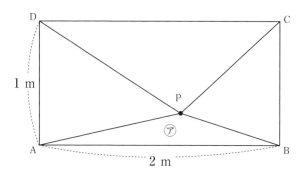

(1)　㋐の面積が $\frac{1}{6}$ m^2 のとき，㋓の面積を求めなさい。

(2)　点 P が図 2 の位置にあるとき，三角形 PDA が㋑です。また図 2 で，点 Q は辺 AD 上，点 R は直線 PQ 上にあり，PQ と AD は垂直です。さらに，斜線で示した図形 DRAP の面積は，㋐と㋑の面積の差に等しく，$\frac{1}{6}$ m^2 です。このとき QR の長さを求めなさい。

図2

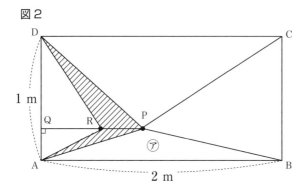

(3)　点Pとして考えられるすべての位置を解答欄の長方形 ABCD の内
　　側にかきなさい。ただし，⑦，①，⑨，⊑の面積はすべて異なるので，
　　図3の点線部分は答えに含まれません。

図3

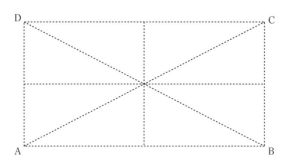

解説 4

(1)

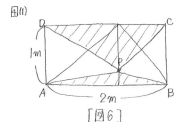

[図6]

[図6]のように点Pを通り辺ADに平行な直線を引き、辺AB、DCとの交点をE、Fとする。点AとF、点BとFを結んで辺AF、BFとすると、三角形APFと三角形DPFは、底辺は共に辺PFで等しく、高さも等しいので面積は等しい。同様に三角形CPFと三角形BPFも面積は等しくなる。よって斜線部（⑦＋①）は三角形ABFと面積が等しいので斜線部（⑦＋①）は長方形ABCDの $\frac{1}{2}$ の面積である。よって⑦＋①＝$1 \times 2 \times \frac{1}{2} = 1 (m^2)$。①＝$1 - \frac{1}{6} = \frac{5}{6} (m^2)$　$\underline{\frac{5}{6} m^2}$

(2)

⑦＋①＋⑦＋①＝$2m^2$でそれぞれの差は $\frac{1}{6}m^2$ずつである。

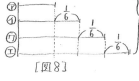

[図8]

〈和差算〉で⑦を求める

$2m^2 \{2 - (\frac{1}{6} + \frac{2}{6} + \frac{3}{6})\} \div 4 = \frac{1}{4}(m^2)$

三角形RDAと⑦の面積は等しいので $1 \times QR \times \frac{1}{2} = \frac{1}{4}(m^2)$ となり、QR＝$\frac{1}{2}(m^2)$　$\underline{\frac{1}{2}m}$

(3)

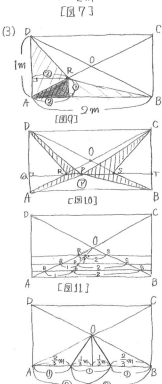

[図9]

[図10]

[図11]

[図12]

[図9]の黒塗りの三角形は三角形ABCと相似になるので横：縦は②：①。よって三角形RDAとRABの面積の比は、$1m \times ② \div 2 : 2m \times ① \div 2 = 1 : 1$ となり、点Rが辺AC上にあるとき、常に面積は等しい。また⑦（三角形PAB）の面積は⑦〜①の中で一番小さいので点Pは三角形OABの内側にある。ここで①が左側、⑦が右側と設定し、[図10]のように点Pから辺ABに平行線を引き、辺AD、BCと交わる点をQ、Tとする。また辺ADを底辺として辺QT上に点Rを取る。三角形RDAと⑦の面積が等しくなるような位置は点Rが辺AC上にくるときである。同様に辺BCを底辺として、三角形SBCと⑦の面積が等しくなるような点Sを辺QT上に取る。⑦の面積（三角形PAB）＝三角形RAD＝三角形SBCなので、点Rは辺AC上に、点Sは辺BD上にある。よって[図10]の斜線部の面積は左側＝①－⑦、右側＝⑦－⑦となり[図10]より右側の斜線の面積は左側の斜線の面積の2倍となるのでRP：PS＝1：2となる。（[図11]）。同様に右側に①が、左側に⑦がきたときは点Pは辺RSを2：1に分けた所にくる。よって答えは[図12]のようになる。

解説 4

（別解）

田(3)

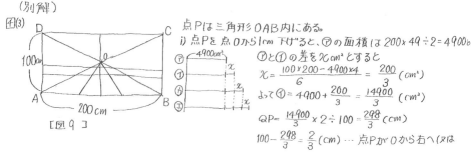

［図 9 ］

点Pは三角形OAB内にある。

i) 点Pを点Oから1cm下げると、⑦の面積は 200×49÷2=4900。

⑦と⑦の差を x cm² とすると

$$x=\frac{100\times200-4900\times4}{6}=\frac{200}{3}\ (cm^2)$$

よって⑦ $=4900+\frac{200}{3}=\frac{14900}{3}\ (cm^2)$

$QP=\frac{14900}{3}\times2\div100=\frac{298}{3}\ (cm)$

$100-\frac{298}{3}=\frac{2}{3}\ (cm)$ … 点Pが0から右へ（又は

左へ） $\frac{2}{3}$ cm移動した点となる。よって点Pは点Oから下へ1cm、右（左）へ $\frac{2}{3}$ cm 移動したことになる。

ii) 点Pを点Oから2cm下げると、i)と同様に右(左)へ $\frac{4}{3}$ cm移動した点になる。

点Oから下へ1cm右(左)へ $\frac{2}{3}$ cm 移動することを $(1,\frac{2}{3})$ と表わすと、その後、計算を進めていくと

$(1,\frac{2}{3}),(2,\frac{4}{3}),(3,\frac{6}{3}),(4,\frac{8}{3}),\cdots(50,\frac{100}{3})$ となり、点Pの動点は点Oと辺AB上の中心より左右へ

$\frac{100}{3}$ cm $=\frac{1}{3}$ m の点を結んだ所を動くことになる。

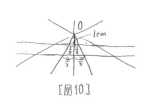

［図10］

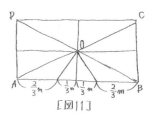

［図11］

開成中学校
2022 ～ 2020 年度
算数の問題

2022年度 開成中学校

【解答上の注意】
1. 問題文中に特に断りのないかぎり，答えが分数になるときは，できるだけ約分して答えなさい。円周率が必要なときは3.14を用いなさい。
2. 必要ならば，「角柱，円柱の体積＝底面積×高さ」，「角すい，円すいの体積＝底面積×高さ÷3」を用いなさい。
3. 式や図や計算などは，他の場所や裏面などにかかないで，すべて解答用紙のその問題の場所にかきなさい。

$\boxed{1}$　次の問いに答えなさい。

(1) 次の□にあてはまる数を求めなさい。

$$2.02 \div \left(\frac{2}{3} - \square \div 2\frac{5}{8} \right) = 5.05 \times 2.8$$

(2) 次の計算の結果を9で割ったときの余りを求めなさい。

$$1234567 + 2345671 + 3456712 + 4567123 + 5671234$$

(3) 4人の人がサイコロを1回ずつふるとき，目の出方は全部で
$6 \times 6 \times 6 \times 6 = 1296$ 通りあります。
この中で，4つの出た目の数をすべてかけると4の倍数になる目の出方は何通りありますか。

(4)　図のような AB を直径とする円形の土地があり，柵で囲まれています。
点 O はこの円の中心で，円の半径は 10m です。円の直径の一方の端の
点 A から円周の半分の長さのロープでつながれた山羊が直径のもう一
方の端の点 B にいます。柵で固まれた円形の土地の外側で山羊が動ける
範囲が，図の㋐，㋑，㋒です。

　① ㋑の面積は，AB を直径とする円形の土地の面積の何倍ですか。

　② 図の P の位置に山羊がいるとき，ロープの TP の部分の長さが
　　9.577m でした。角オの大きさを求めなさい。ただし，T は柵から
　　ロープがはなれる点です。

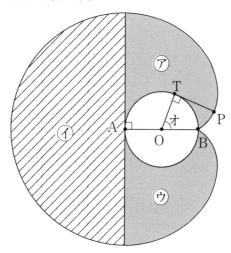

解説①

[1](1) $2.02 \div \left(\dfrac{2}{3} - \square \div 2\dfrac{5}{8}\right) = 5.05 \times 2.8$

$\dfrac{2}{3} - \square \div 2\dfrac{5}{8} = 2.02 \div (5.05 \times 2.8) = \dfrac{2.02}{5.05 \times 2.8} = \dfrac{1}{7}$

$\square \div \dfrac{21}{8} = \dfrac{2}{3} - \dfrac{1}{7} = \dfrac{11}{21}$

$\square = \dfrac{11}{21} \times \dfrac{21}{8} = 1\dfrac{3}{8}$ $\qquad \underline{1\dfrac{3}{8}}$

(2) 整数を9で割ったときの余りの数は、その整数の各位の数の和を9で割ったときの余りの数と等しくなる。$1+2+3+4+5+6+7=28=9\times3+1$ であるので、下の式はどの項もすべて余りは1となる。

$\underset{\text{あまり1}}{\underline{1234567}} + \underset{\text{あまり1}}{\underline{2345671}} + \underset{\text{あまり1}}{\underline{3456712}} + \underset{\text{あまり1}}{\underline{4567123}} + \underset{\text{あまり1}}{\underline{5671234}}$ を9で割った余りは、

$1+1+1+1+1 = 5$ 。 $\qquad \underline{5}$

(3) 4つの出た目を全てかけたとき、その答えが4の倍数になるのは、4つの出た目をそれぞれ素因数分解したときに2を2つ以上含む。4の倍数にならないものは、2を1つも含まないか、1個だけの時である。2をわも含まない＝i)全てが奇数になる、と 2を1つだけ含む＝ii)3つが奇数で1つだけ2か6になる の2パターンに分けて考えていく。

i) 全てが奇数になる場合 ⇒ $3\times3\times3\times3 = 81$（通り）…①

ii) 3つが奇数で1つだけ2か6になる場合 ⇒ $2\times3\times3\times4 = 216$（通り）…②

全部の目の出方の1296通りから①と②を引いたら4の倍数になる目の出方になる。

$1296 - (81+216) = 999$ $\qquad \underline{999 通り}$

$\begin{array}{|c|}\hline A\;B\;C\;D\\ 2か6\ 奇\ 奇\ 奇\\\hline\end{array}$
［図１］

(4)

［図　２］

①⑦の部分はABを直径とする円の弧ABの長さを半径とする半円になるので、その半径は $10\times2\times3.14\times\dfrac{1}{2} = 31.4$（m）。

$\dfrac{⑦の面積}{ABを直径とする円の面積} = \dfrac{31.4\times31.4\times3.14\times\frac{1}{2}}{10\times10\times3.14} = 4.9298$（倍）

$\underline{4.9298倍}$

② ロープの長さは⑦の半径と等しいので31.4m。$TP = 9.577$m なので弧ATの長さは $31.4 - 9.577 = 21.823$（m）。

よって角AOT $= \dfrac{21.823}{31.4} \times 180° = 125.1°$

角オは $180° - 125.1° = 54.9°$ $\qquad \underline{54.9度}$

2　図1のように，底面の半径が 4cm で OA の長さが 8cm の，粘土でできた
円すいがあります。

この円すいを，底面に平行で等間隔な 3 つの平面で 4 つのブロックに切り分け，
いちばん小さいブロックから大きい方へ順に a, b, c, d と呼ぶことにします。
このとき，次の問いに答えなさい。

[図1]

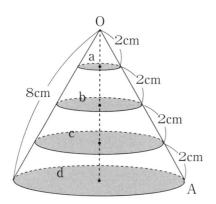

(1)　ブロック b と d の体積の比，および，表面積の比を求めなさい。

(2)　ブロック a, c を図2のように積み上げて立体を作り X と呼ぶことにし
ます。同じように，ブロック b, d を積み上げて立体を作り Y と呼ぶこ
とにします。

立体 X と Y の体積の比，および，表面積の比を求めなさい。

[図2]

立体 X　　　　　　　　　　　　立体 Y

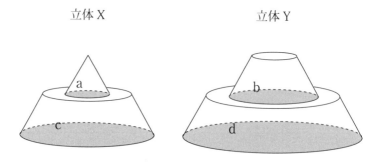

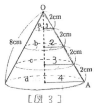

解説②

②

[図3]

(1)

a $a+b$ $a+b+c$ $a+b+c+d$

[図4]

[体積比]

円すい、a、$a+b$、$a+b+c$、$a+b+c+d$ は相似人であり相似比は $1:2:3:4$ となり

体積比は $(1×1×1):(2×2×2):(3×3×3):(4×4×4) = 1:8:27:64$ となる。

よって $a:b:c:d$ の体積比は $1:(8-1):(27-8):(64-27) = 1:7:19:37$ となり

$b:d = 7:37$ になる。　　　　$\underline{7:37}$ 〃

[表面積の比]

体積の比で求めたように比で計算していく場合は側面積と底面積を分けて求めていく。

ここでは〈円すいの表面積=(底面の半径+母線)×底面の半径×円周率〉と

〈円すいの側面積=母線×底面の半径×円周率〉の公式を使って計算していく。

・bの表面積 $= a+b$の表面積 $- a$の側面積 $+ a$の底面積

$(2+4)×4×3.14 - 2×1×3.14 + 1×1×3.14 = (12-2+1)×3.14 = 11×3.14$ …bの表面積

・dの表面積 $= a+b+c+d$の表面積 $- a+b+c$の側面積 $+ a+b+c$の底面積

$(4+8)×4×3.14 - 6×3×3.14 + 3×3×3.14 = (48-18+9)×3.14 = 39×3.14$ …dの表面積

よって $b:d = 11×3.14:39×3.14 = 11:39$　　　　$\underline{11:39}$ 〃

(2) 立体X　　　立体Y

[図5]

[体積の比]

立体 $X = a+c$

立体 $Y = b+d$ なので

立体 $X:$立体 $Y = (1+19):(7+37) = 5:11$

$\underline{5:11}$ 〃

[表面積の比]

・立体Xの表面積 $= a+b+c$の表面積 $- a+b$の側面積 $+ a$の側面積 $+ a+b$の底面積 $- a$の底面積

$= (3+6)×3×3.14 - 4×2×3.14 + 2×1×3.14 + 2×2×3.14 - 1×1×3.14$

$= (27-8+2+4-1)×3.14 = 24×3.14$ …立体Xの表面積

・表体Yの表面積 $= a+b+c+d$の表面積 $- a+b+c$の側面積 $+ a+b$の側面積 $- a$の側面積

       $+ a+b+c$の底面積 $- a+b$の底面積 $+ a$の底面積

$= (4+8)×4×3.14 - 6×3×3.14 + 4×2×3.14 - 2×1×3.14 + 3×3×3.14 - 2×2×3.14 + 1×1×3.14$

$= (48-18+8-2+9-4+1)×3.14 = 42×3.14$ …立体Yの表面積

立体 $X:$立体 $Y = 24×3.14:42×3.14 = 4:7$　　　　$\underline{4:7}$ 〃

3 開成君は図1のような縦2マス，横7マスのマス目を用意し，マス目のいくつかを黒くぬりつぶして「暗号」を作ろうと考えました。そこで，次のようなルールを決め，何種類の暗号を作ることができるかを調べることにしました。

- 黒くぬりつぶすマス目は，上下左右が隣り合わないようにする。
- 読むときは，回したり裏返したりしない。

次の問いに答えなさい。

[図1]

	1	2	3	4	5	6	7
A							
B							

(1) 最大で何か所をぬりつぶすことができますか。その場合，暗号は何種類できますか。

(2) 14個のマス目のなかで5か所だけをぬりつぶす場合を考えます。

(ア) 左から1列目と3列目のマス目をぬりつぶさないことにしてできる暗号をすべてかきなさい。黒くぬりつぶす部分は，次のページの図2のように斜線を入れ，ぬりつぶす部分が分かるようにしなさい。また，解答らんはすべて使うとは限りません。使わない解答らんは，らん全体に大きく✕印を入れて使わなかったことが分かるようにしなさい。

(イ) 左から3列目と5列目のマス目をぬりつぶさないことにしてできる暗号は何種類ありますか。

(ウ) 14個のマス目のなかで5か所だけをぬりつぶす場合，暗号は全部で何種類できますか。

(3) 左から1列目だけ，左から1列目と2列目の2列だけ，…と使う列の数を増やしながら，暗号が何種類できるかを考えようと思います。ただし，1マスもぬりつぶさない場合も1種類と数えることにします。たとえば，一番左の1列だけで考えると，暗号は図2の3種類ができます。

[図2]

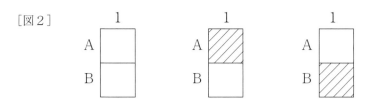

（ア）左から2列だけを考えます。このときできる暗号のうち，1マスも
ぬりつぶさないもの以外をすべてかきなさい。解答らんはすべて
使うとは限りません。使わない解答らんは，らん全体に大きく✕
印を入れて使わなかったことが分かるようにしなさい。

（イ）左から1列目から3列目までの3列を考えます。このときできる
暗号は何種類ありますか。

（ウ）左から1列目から7列目までのマス目全部を使うとき，暗号は全
部で何種類できますか。

解説③

③(1) 上下 右左が 隣合わないようにして 最大限 塗りつぶすには[図6]の2種類である。

7か所、2種類 //

[図6]

(2)(ア)
1列目と 3列目を塗りつぶさないので、2列目と 4〜7列目の 2か所に分けて考える。それぞれ 2種類の 塗り方があるので、組み合わせると2×2=4 種類あることがわかる。答えは[図8]。//

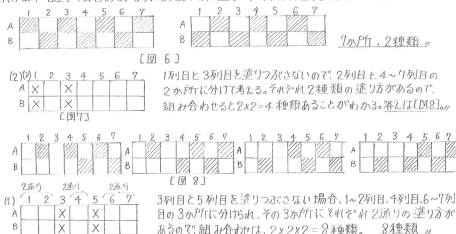

[図7]

[図8]

(イ)
3列目と5列目を塗りつぶさない 場合、1〜2列目、4列目、6〜7列目の 3か所に分けられ、その 3か所にそれぞれ 2通りの 塗り方が あるので、組み合わせは、2×2×2 = 8種類。 8種類 //

[図9]

(ウ) 5か所だけ塗るには2列分、塗らない所ができる。その2列の

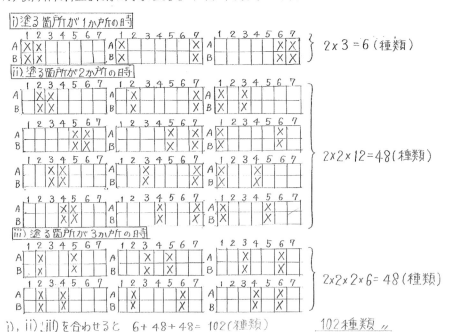

i) 塗る箇所が 1か所の時 　 2×3 = 6（種類）

ii) 塗る箇所が 2か所の時 　 2×2×12 = 48（種類）

iii) 塗る箇所が 3か所の時 　 2×2×2×6 = 48（種類）

i), ii), iii) を合わせると 6 + 48 + 48 = 102（種類）　 102種類 //

(3)(ア) 2列で必ず1マスは 塗りつぶす方法は[図10]の 6種類になる。

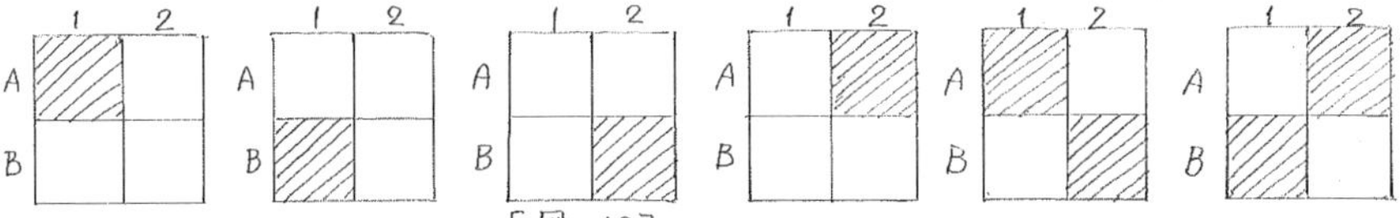

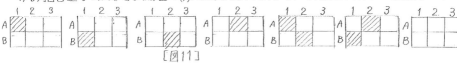

[図 10]

解答は[図10] 〃

(イ) 3列目を塗らない場合と塗る場合に分けて考える。

i) 3列目を塗りつぶさない場合：(ア)にどこも塗りつぶさない 1種類をたして 7種類。…①

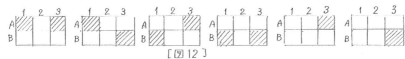

[図11]

ii) 3列目を塗る場合

① 2列目が 塗られていないとき：1列目=3種類、2列目= 2種類なので、3×2=6種類…②

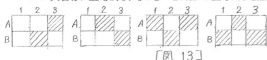

[図12]

② 2列目が 塗られているとき：2列目の塗られる位置が決まれば 3列目も決まる。4種類…③

A B | 1 2 3 | 1 2 3 | 1 2 3 | 1 2 3

[図13]

①と②と③を合わせて 7+6+4 = 17 (種類)　　17種類 〃

(ウ) (イ)の考え方を用いて表を作ると[図14]のように なる。

N 列	1	2	3	4	5	6	7
N列目を塗りつぶさないとき（種類）	①	③	7	17	41	99	239
N列目を塗るとき（種類）	②	④	※1) 10	※2) 24	※3) 58	※4) 140	※5) 338
合 計	3	7	17	41	99	239	577

※1) 1×2 +2=4　※2) 3×2+4=10　※3) 7×2+10=24
※4) 17×2 +24=58
※5) 41×2+58=140
※6) 99×2+140=338

[図14]

[図14] より　　577 種類　〃

4　開成君の時計は常に正しい時刻より 5 分遅れた時刻を指します。この時計について，次の問いに答えなさい。

開成君の時計　　　　　　　　正しい時刻を指す時計

(1)　開成君の時計の長針と正しい時刻を指す時計の短針が同じ位置にくる場合を考えます。正しい時刻で 1 時を過ぎたあと，初めてそのようになるのは何時何分ですか。正しい時刻で答えなさい。

　　正しい時刻を指す時計の短針と長針の間にできる角の大きさを a，開成君の時計の短針と長針の間にできる角の大きさを b という文字で表すことにします。ただし，短針と長針の間にできる角というのは，たとえば次の図のような例でいうと，短針と長針によってできる角ア，イのうち，角の大きさが 180° 以下である角アのほうを指すものとします。

(2) 正しい時刻で1時を過ぎたあと(1)の時刻までの間で，*a* と *b* が等しくなるのは何時何分ですか。正しい時刻で答えなさい。

(3) 正しい時刻で1時を過ぎたあと(1)の時刻までの間で，*a* が *b* の2倍になる時刻を A とし，(1)の時刻を過ぎてから初めて *a* が *b* の2倍になる時刻を B とします。時刻 A から時刻 B までの時間は何分何秒ですか。

解説④

⑷(1) 開成君の時計 正しい時刻指す時計

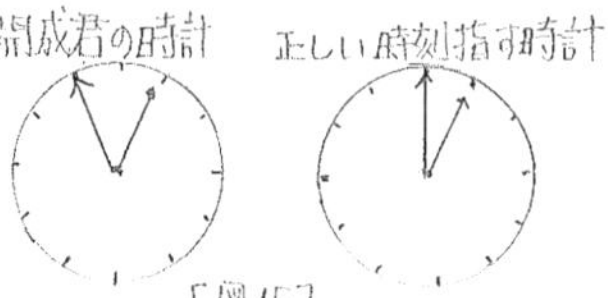

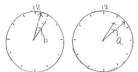

[図15]

時計の長針は1分間に6°、短針は0.5°進む。
「開成君の時計の長針」と「正しい時刻を指す時計の短針」
は 30°×2＝60° 開いているので、この2つが重なるのは、
60÷(6-0.5)＝10$\frac{10}{11}$(分後) となる。
よって正しい時刻で 1時 10$\frac{10}{11}$分 となる。　<u>1時 10$\frac{10}{11}$分</u>〃

(2) 「正しい時刻を指す時計」で "1時を過ぎて" 長針と短針が重なる時刻は、30÷(6-0.5)＝5$\frac{5}{11}$で、
1時5$\frac{5}{11}$分 のときである。そして「開成君の時計」は 5分遅れているので、aとbが等しくなるのは
1時5$\frac{5}{11}$分 よりも 5分÷2＝2$\frac{1}{2}$分ずつ「開成君の時計」は遅れた時刻、「正しい時刻を指す
時計」は進ませた時刻になる。[図16]。よって 5$\frac{5}{11}$＋2$\frac{1}{2}$＝7$\frac{21}{22}$ より、1時7$\frac{21}{22}$分 となる。

<u>1時 7$\frac{21}{22}$分</u>〃

(3) Aの時刻は a は長針が短針より先に進み b は長針が短針を追い越す前で、1時5$\frac{5}{11}$分
から 5分を2:1に分けた時刻にそれぞれなる。[図17]。5×$\frac{2}{1+2}$＝3$\frac{1}{3}$(分)、5$\frac{5}{11}$＋3$\frac{1}{3}$＝8$\frac{26}{33}$(分)
… 正しい時刻を指す時計のAの時刻。
Bの時刻は a,b ともに長針が短針を追い越しているので、a は b より常に 5分×5.5°
＝27.5°大きいので、a＝2×b になるには b＝27.5°、a＝55°のときになる。[図18]。
よって a＝55°のときの時刻は (30°＋55°)÷(6-0.5)＝15$\frac{5}{11}$分 … 正しい時刻を指す時計のBの時刻。
よって時刻Aから時刻Bまでは 15$\frac{5}{11}$-8$\frac{26}{33}$＝6$\frac{2}{3}$＝6分40秒　<u>6分40秒</u>〃

開成君の時計　正しい時刻を指す時計
[図16]
※5$\frac{5}{11}$分のラインを軸として線対称となる。
a:b＝1:1

開成君の時計　正しい時刻を指す時計
[図17]
a:b＝2:1

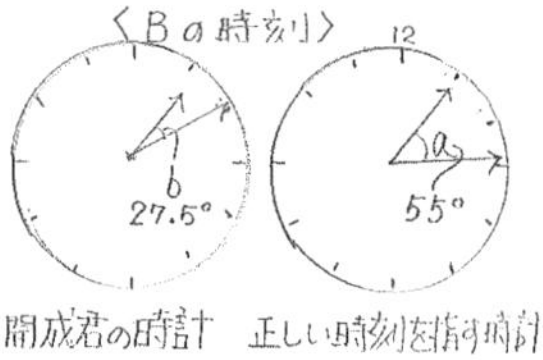

開成君の時計　正しい時刻を指す時計
[図18]
a:b＝2:1

2021 年度 開成中学校

筑駒中　開成中　麻布中　桜蔭中　女子学院中

[1] 次の問いに答えなさい。

(1) 2021 年 2 月 1 日は月曜日です。現在の暦のルールが続いたとき，2121 年 2 月 1 日は何曜日ですか。

ただし，現在の暦において，一年が 366 日となるうるう年は，

- 4 の倍数であるが 100 の倍数でない年は，うるう年である
- 100 の倍数であるが 400 の倍数でない年は，うるう年ではない
- 400 の倍数である年は，うるう年である

であり，うるう年でない年は一年を 365 日とする，というルールになっています。

(2) 三角形の頂点を通る何本かの直線によって，その三角形が何個の部分に分けられるかについて考えます。ただし，3 本以上の直線が三角形の内部の 1 点で交わることはないものとします。

図のように，三角形の各頂点から向かい合う辺に，直線をそれぞれ 2 本，2 本，3 本引いたとき，元の三角形は 24 個の部分に分けられます。

では，三角形の各頂点から向かい合う辺に，直線をそれぞれ 2 本，3 本，100 本引いたとき，元の三角形は何個の部分に分けられますか。

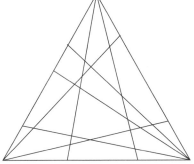

(3)　面積が 6cm^2 の正六角形 ABCDEF があります。図のように，P，Q，R を
　　それぞれ辺 AB，CD，EF の真ん中の点とします。三角形 PQR の面積を
　　求めなさい。

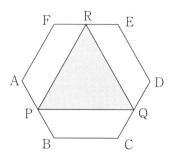

(4)　$\dfrac{1}{9998}$　を小数で表すとき，小数第 48 位の数，小数第 56 位の数，小
　　数第 96 位の数をそれぞれ求めなさい。

解説1

1 (1) 2021年2月1日から2121年2月1日まで何日あるか計算して、それを7で割って余りの数で曜日を求める。

- はじめに2021年2月1日から2121年2月1日までの100年間がすべてうるう年でない場合 365日×100年＋1日＝36501日。
- 100の倍数であるが400の倍数でない年。
  2121÷100＝21あまり21
  2021÷100＝20あまり21 } 21−20＝1(回) ⇒ 2100年は4の倍数であるがうるう年ではない年となる。
- うるう年を計算する。
  2121÷4＝530あまり1
  2020÷4＝505 } 530−505＝25。⇒ この数から100の倍数であるうるう年にならない回数を引く。
  25−1＝24(回) … うるう年の回数
- 2021年から2121年までに400の倍数はない。

よって36501＋24＝36525(日)。 36525÷7＝5217あまり6。あまりが6なので、月曜日から数えて6日目。月・火・水・木・金・土。
　　　　　　　　　　　　　　　　　　　　　　　　　　　　1　2　3　4　5　6
土曜日 //

(2)

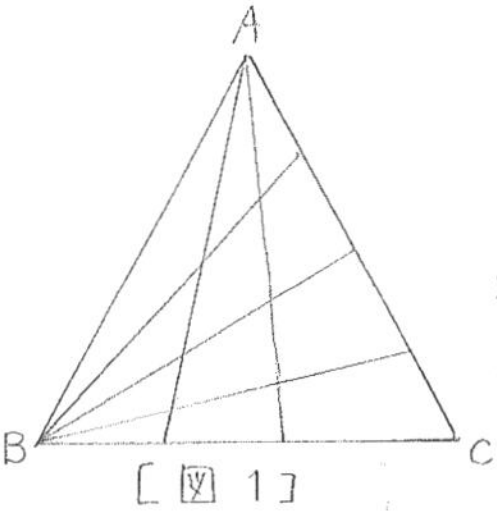

[図1]

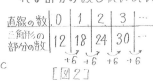

まず頂点A、Bから2本、3本の直線を引く。[図1]。
次に頂点Cから直線を、1本、2本…と引いていき、分けられる部分の数を表にしていく。

直線の数	0	1	2	3	…
三角形の部分の数	12	18	24	30	…

+6　+6　+6　+6

[図2]

頂点Cから直線を引くと、頂点A、Bから引いた5本の直線と必ず交わるので、直線を1本引くごとに5＋1＝6(ヶ所)の部分が新たにできる。

よって頂点Cから100本直線を引くと12＋6×100＝612。　612個 //

(3)

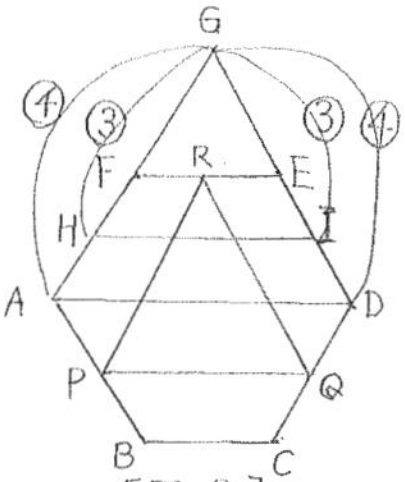

[図3]

辺AF、DEの延長線の交点を頂点Gとし、辺AF、DEの真ん中の点を頂点H、Iとする。[図3]。すると三角形RPQと三角形GHIは合同な三角形となる。
また[図4]のように正六角形ABCDEFを6つに分けると、1つの部分はどれも正三角形となり、三角形GFEと合同になる。
よって三角形GADは4cm²となり、三角形GHIは<公式>より三角形GADの$\frac{3}{4}\times\frac{3}{4}=\frac{9}{16}$(倍)となるので、$4\times\frac{9}{16}=2.25$(cm²)。
三角形RPQも同じ面積となる。　2.25cm² //

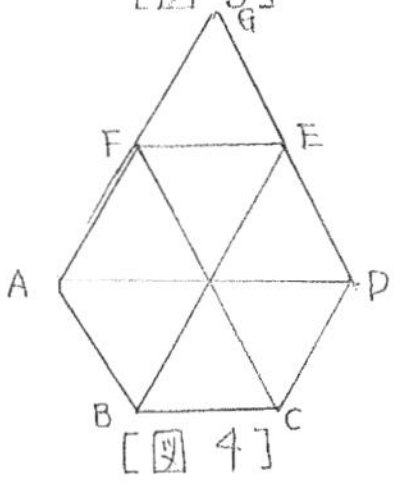

[図4]

〈公式〉

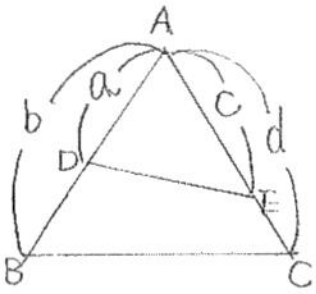

三角形ADE＝三角形ABC×$\frac{a}{b}\times\frac{c}{d}$

(イ) [図5]のように筆算をしていくと、小数点以下は
4桁ごとに区切って考えていく。
まず10000÷9998=1あまり2。2あまるので
次は20000÷9998=2あまり4。4あまるので
その次は40000÷9998=4あまり8。…となり、
4桁ごとに分けた場合、商の数の2倍があまりの数
となり、そのあまりの数と、次の商の数が等しくなる。
以上を表にしてまとめる。[図6]。

```
          1組目   2組  3組
        0.0001|0002|0004|00 …
9998)1.0000
      9998
      20000
      19996
       40000
       39992
        80000
```
[図5]

[図6]

組	1	2	3	4	5	6	7	8	9	10	11	12
商	0001	0002	0004	0008	0016	0032	0064	0128	0256	0512	1024	2048
余り	2	4	8	16	32	64	128	256	512	1024	2048	4096

13	14	15	16	17	18	19	20	21	22	23	24
4096	8193	6387	2774	5549	1098	2196	4392	8785	7571	5143	0286
8192	6386	2774	5598	1098	2196	4392	8784	7570	5142	286	572
	※1)	※2)		※3)				※4)	※5)	※6)	

※1) 表を完成させるにあたり、14組目の商を13組目の商の2倍(13組目のあまりと等しい)
　　の8192にすると、14組目の余りはその2倍の16384となり、割る数の9998を越える。
　　そこで14組目の商は8192より1大きい8193にして、余りは16384-9998=6386にする。
※2) 15組目の商も14組目の商の2倍(14組目のあまりの数)の6386にすると、15組目の
　　あまりは6386×2=12772となり、割る数の9998を越えるので※1)と同様にする。
　　　商⇒6386+1=6387　　あまり⇒6386×2-9998=2774
※3)～※6)も同様にする。

[図6]

・小数第48位は 48÷4=12(組目)の商の1の位(1番右の数)となるので[図6]より、
　　　8″ となる。
・小数第56位は 56÷4=14(組目)の商の1の位。　3″
・小数第96位は 96÷4=24(組目)の商の1の位。　6″

2 三角すいの体積は(底面積)×(高さ)÷3により求めることができます。
1辺の長さが6cmの立方体の平行な4本の辺をそれぞれ6等分し、図のように記号を付けました。
以下の問いに答えなさい。

(1) 4点き、G、a、gを頂点とする三角すいの体積を求めなさい。

(2) 4点き、ウ、G、aを頂点とする三角すいの体積を求めなさい。

(3) 4点い、オ、C、gを頂点とする三角すいの体積を求めなさい。

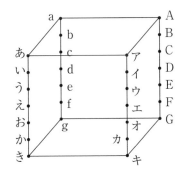

解説②

② (1) 4点さ、G、あ、gを頂点とする三角すいの体積は、
　　底面を三角形さGg、高さを辺あgとして計算する。[図7]。
　　$6 \times 6 \div 2 \times 6 \div 3 = 36 (cm^3)$　　$\underline{36 cm^3}$ //

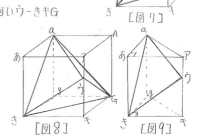
[図7]

(2) 4点さ、ウ、G、あを頂点とする三角すいの体積は立方体の
　　体積から i)三角すいあ-gきG　　ii)三角すいウ-さきG
　　iii)三角柱を切断したもの。[図9]のように
　　元の立方体をあアキGを通る平面で、2つの
　　三角柱に切り、それぞれの三角柱について
　　平面あウきと平面あウGで切断した立体
　　あああアーあきうとあAアーあGウ
　　以上のi)〜iii)の立体を引いたもの。

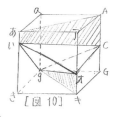
[図8]　　[図9]

i) $6 \times 6 \div 2 \times 6 \div 3 = 36 (cm^3)$
ii) $6 \times 6 \div 2 \times 4 \div 3 = 24 (cm^3)$
iii) $6 \times 6 \div 2 \times \dfrac{0+6+2}{3} \times 2 = 96 (cm^3)$　　よって $6 \times 6 \times 6 - (36+24+96) = 60 (cm^3)$　　$\underline{60 cm^3}$ //

(3) (2)同様に立方体から求める立体以外の部分を引いていく。
　　以下のi)〜iv)は求める立体以外の部分を示す。[図10]参照。
　　i) 三角柱の切断 ああA-gいC $= 6 \times 6 \div 2 \times \dfrac{6+1+2}{3} = 54 (cm^3)$
　　ii) 三角柱の切断 アあA-オいC $= 6 \times 6 \div 2 \times \dfrac{4+1+2}{3} = 42 (cm^3)$
　　iii) 三角柱の切断 gキ-gいオ $= 6 \times 6 \div 2 \times \dfrac{0+5+2}{3} = 42 (cm^3)$
　　iv) 三角柱の切断 gGキ-gCオ $= 6 \times 6 \div 2 \times \dfrac{0+4+2}{3} = 36 (cm^3)$
　　よって $6 \times 6 \times 6 - (54+42+42+36) = 42 (cm^3)$　　$\underline{42 cm^3}$ //

[図10]

3 ①と⓪のいずれかが書かれたカードがたくさんあります。

はじめにA君とB君は同じ枚数のカードを手札として横一列に並べています。審判には⓪のカードが1枚渡されていて，「スコアスペース」にはカードがありません。

次のような「操作」を考えます。

A君とB君はそれぞれ手札の右はしのカード1枚を出し，審判は最後に渡されたカードのうち1枚（はじめは⓪のカード）を出します。これら合計3枚のカードを次のように移します。

- 3枚とも⓪の場合は，

「スコアスペース」に⓪のカード1枚を置き，審判に⓪のカード2枚を渡します。

- 2枚が⓪で1枚が①の場合は，

「スコアスペース」に①のカード1枚を置き，審判に⓪のカード2枚を渡します。

- 1枚が⓪で2枚が①の場合は，

「スコアスペース」に⓪のカード1枚を置き，審判に①のカード2枚を渡します。

- 3枚とも①の場合は，

「スコアスペース」に①のカード1枚を置き，審判に①のカード2枚を渡します。

ただし，「スコアスペース」には古いカードが右に，新しいカードが左になるように置いていきます。

A君，B君，審判は，A君とB君の手札がなくなるまで上の「燥作」を繰り返します。

審判に最後に渡されたカードが①2枚ならばA君の勝ちです。

審判に最後に渡されたカードが⓪2枚ならばB君の勝ちです。

いずれの場合も「スコアスペース」に置かれている①のカードの枚数を，勝者の得点とします。

　例えば，下の図のように，はじめの手札が 3 枚ずつであるとして，A 君の手札が $\boxed{0}\boxed{0}\boxed{1}$ で B 君の手札が $\boxed{1}\boxed{0}\boxed{1}$ のとき，最終的に「スコアスペース」には $\boxed{1}\boxed{1}\boxed{0}$ が置かれて，審判に最後に渡されたカードが $\boxed{0}$ 2 枚なので，B 君の勝ちで得点は 2 点になります。

A 君 $\boxed{0}\boxed{0}\boxed{1}$	A 君 $\boxed{0}\boxed{0}$	A 君 $\boxed{0}$	A 君
B 君 $\boxed{1}\boxed{0}\boxed{1}$ →	B 君 $\boxed{1}\boxed{0}$ →	B 君 $\boxed{1}$ →	B 君
審判 $\boxed{0}$	審判 $\boxed{1}\boxed{1}$	審判 $\boxed{0}\boxed{0}\boxed{1}$	審判 $\boxed{0}\boxed{0}\boxed{0}\boxed{1}$
スコア スペース	スコア スペース $\boxed{0}$	スコア スペース $\boxed{1}\boxed{0}$	スコア スペース $\boxed{1}\boxed{1}\boxed{0}$

　注意：塗られているカードは，次の「操作」で移すカードです。

(1)　はじめの手札が 4 枚ずつであるとします。
　　A 君の手札が $\boxed{0}\boxed{1}\boxed{0}\boxed{1}$ で B 君の手札が $\boxed{0}\boxed{0}\boxed{0}\boxed{0}$ のとき，最終的に「スコアスペース」に置かれているカードを答えなさい。

(2)　はじめの手札が 6 枚ずつであるとします。
　　A 君の手札が $\boxed{0}\boxed{0}\boxed{1}\boxed{0}\boxed{0}\boxed{1}$ で B 君の手札が $\boxed{0}\boxed{1}\boxed{0}\boxed{0}\boxed{0}\boxed{1}$ のとき，最終的に「スコアスペース」に置かれているカードを答えなさい。

(3)　はじめの手札が 6 枚ずつであるとします。
　　A 君の手札が $\boxed{0}\boxed{0}\boxed{1}\boxed{0}\boxed{0}\boxed{1}$ のとき，B 君が勝ちで得点が 6 点になるには，B 君はどのような手札であればよいでしょうか（答えは一通りしかありません）。

(4)　はじめの手札が 6 枚ずつであるとします。
　　A 君の手札が $\boxed{0}\boxed{0}\boxed{1}\boxed{0}\boxed{0}\boxed{1}$ のとき，B 君が勝ちで得点が 1 点になるには，B 君はどのような手札であればよいでしょうか。すべて答えなさい。ただし，解答らんはすべて使うとは限りません。

(5)　はじめの手札が 6 枚ずつであるとします。
　　A 君の手札が $\boxed{0}\boxed{0}\boxed{1}\boxed{0}\boxed{0}\boxed{1}$ のとき，B 君が勝ちで得点が 2 点になるような B 君の手札は何通りありますか。

筑駒中 開成中 麻布中 桜蔭中 女子学院中

解説3

3 (1) 表に整理して、順に考えていく。□で囲んだ所が出したカードとなる。

最終的なスコアスペースのカードは

| 0 | 1 | 0 | 1 |

A君	0 1 0 1	0 1 0	0 1	0			
B君	0 0 0 0	0 0 0	0 0	0			
審判	0	0 0	0 0 0	0 0 0 0			
スコア スペース		1	0 1	1 0 1	0 1 0 1		

(2) (1)と同様に表で考えていく。

最終的なスコアス ペースのカードは

| 0 | 1 | 1 | 0 | 1 | 0 |

A君	0 0 1 0 0 1	0 0 1 0 0	0 0 1 0	0 0 1	0 0	0	
B君	0 1 0 0 0 1	0 1 0 0 0	0 1 0 0	0 1 0	0 1	0	
審判	0	1 1	0 0 1	0 0 0 1	0 0 0 0 1	0 0 0 0 0 1	
スコア スペース		0	1 0	0 1 0	1 0 1 0	1 1 0 1 0	0 1 1 0 1 0

(3) (1)(2)をカードの並び方を見ると、2進法で「A君＋B君＝スコアスペース」である。[図11]。

(1)	A君	0 1 0 1		0 1 0 1
	B君	0 0 0 0	⇒	＋ 0 0 0 0
	スコア スペース	0 1 0 1		0 1 0 1

(2)	A君	0 0 1 0 0 1		0 0 1 0 0 1
	B君	0 1 0 0 0 1	⇒	＋ 0 1 0 0 0 1
	スコア スペース	0 1 1 0 1 0		0 1 1 0 1 0

[図11]

得点が6点になるには最終的なスコアスペースのカードが |1|1|1|1|1|1| になるので

A君	0 0 1 0 0 1		1 1 1 1 1 1
B君	0 0 0 0 0 0	⇒	－ 0 0 1 0 0 1
スコア スペース	1 1 1 1 1 1		1 1 0 1 1 0

審判の最後のカードを確認すると00となるので B君の手札は |1|1|0|1|1|0|

(4) スコアスペースのカードは A君のはじめの手札以上の数になる。A君の手札は001001なので スコアスペースのカードも 001001 以上となる。得点が 1点となるのは、スコアスペースは 010000 か 100000 の 2通りとなる。「B君＝スコアスペース－A君」なので、

スコア スペース	0 1 0 0 0 0	スコア スペース	1 0 0 0 0 0
A君 －	0 0 1 0 0 1	A君 －	0 0 1 0 0 1
B君	0 0 0 1 1 1	B君	0 1 0 1 1 1

スコアスペースとA君の カードから出した B君の カードは、000111 か 010111 となる。

上記の B君の 2通りのカードそれぞれに、審判の最後のカードを認認すると、どちらとも 00となるので、B君のカードは、|0|0|0|1|1|1|、|0|1|0|1|1|1|

(5) A君の手札は001001、スコアスペースは001001以上、得点は2点なので、スコアスペースは、

001001、001010、001100、010001、010010、010100、011000、100001、
100010、100100、101000、110000

[図12]

[図12]の 12通りが考えられる。もしA君が勝つには、最後に出す(A君,B君,審判)＝ (0,1,1)でなければならないので、そこから逆に考えていくと B君は最低でも110111とならなくてはならない。よってB君が勝つには B君の手札が110111より小さければいい。[図12]のスコアスペースは110111より小さいので、全て B君の勝ちとなる。 12通り

2020年度　開成中学校

1　まっすぐ進む2つのロボットAとBがあります。2つのロボットは，下のような指示が書かれた5枚のカードをそれぞれもっていて，カードがセットされた順にスタート地点から1分間ずつその指示に従って進みます。

　　カード①：毎分30cmで進みなさい。（このカードは2枚あります）

　　カード②：1分間停止しなさい。

　　カード③：毎分45cmで進みなさい。

　　カード④：白毎分60cmで進みなさい。

例えば，カードが①，①，②，③，④の順にセットされた場合，スタートから2分間で60cm進み，そこで1分間停止し，その後1分間で45cm進み，その後1分間で60cm進みます。このようなロボットの進み方をカードの番号を用いて＜11234＞と表すことにします。

いま，2つのロボットAとBを同じ方向に進めたとき，AとBの間の距離をグラフにしたところ下の図のようになりました。このとき，ロボットAの進み方として考えられるものをすべて答えなさい。ただし解答らんはすべて使うとは限りません。

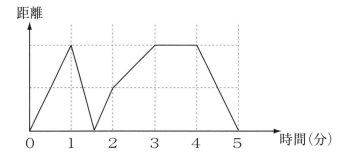

解説 1

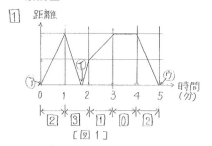

[図1]のグラフで傾き(1分間で距離が何目盛り移動するか)がロボットAとBの速さの差であることがわかる。そこで時間を1分ずつ区切り何目盛り移動したかを読み、速さの差を ⓪~③ で表わす。カードの組み合わせを考えると速さの差は ⓪=秒速 0cm、①=秒速 15cm、②=秒速 30cm、③=秒速 45cm であることがわかる。
次に ⓪~③ の速さの差がロボットA、Bのどのカードの組み合わせによってできるかを表にしていくと[図2]のようになる。

A	①	②	③	④
B	①	②	③	④

⓪ 秒速 0cm

	A>B	A<B
A	③④	①②
B	①②	③④

① 秒速 15cm

	A>B	A<B
A	①④	②④
B	②①	①④

② 秒速 30cm

	A>B	A<B
A	③	②
B	②	③

③ 秒速 45cm

[図 2]

[図1]の①(1分から2分の間)でAとBの距離が0になるので、ここで追い抜かれることが分かるので下記の i)、ii)のパターンに分けて考えていく。
i) ⑦-① 間でAが先頭、①-⑦ 間でBが先頭の場合
ii) ⑦-① 間でBが先頭、①-⑦ 間でAが先頭の場合

i) の場合

	0~1分 A>B ②	1~2分 A<B ③	2~3分 A<B ①	3~4分 A=B ⓪	4~5分 A>B ②
A	①	②	①	①	①
B	②	③	③	①	②
A	④		③	②	④
B	①		④	②	①
A				③	
B				③	
A				④	
B				④	

ii) の場合

	0~1分 A>B ②	1~2分 A<B ③	2~3分 A<B ①	3~4分 A=B ⓪	4~5分 A>B ②
A	②	③	③	①	②
B	①	②	①	①	①
A	①		④	②	①
B	②		③	②	④
A				③	
B				③	
A				④	
B				④	

[図 3]

①を2回、②~④を1回ずつ使いAの組み合わせを作り、Bの組み合わせが条件に合うものを選ぶ。[図4]で〇はBの条件が合っているが、✕はBの条件が合わない。

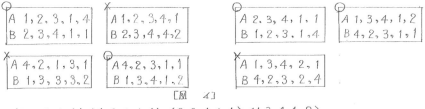

○
A 1, 2, 3, 1, 4
B 2, 3, 4, 1, 1

✕
A 1, 2, 3, 4, 1
B 2, 3, 4, 4, 2

○
A 2, 3, 4, 1, 1
B 1, 2, 3, 1, 4

○
A 1, 3, 4, 1, 2
B 4, 2, 3, 1, 1

✕
A 4, 2, 1, 3, 1
B 1, 3, 3, 3, 2

○
A 4, 2, 3, 1, 1
B 1, 3, 4, 1, 2

✕
A 1, 3, 4, 2, 1
B 4, 2, 3, 2, 4

[図 4]

〈1, 2, 3, 1, 4〉〈4, 2, 3, 1, 1〉、〈2, 3, 4, 1, 1〉、〈1, 3, 4, 1, 2〉 〃

2 平面上に, 点 A を中心とする半径 10 m の円 X と半径 20 m の円 Y があり, 円 X の周上を動く点 B と円 Y の周上を動く点 C があります。点 B は円 X の周上を一定の速さで反時計回りに進み, 1 時間で一周します。そして, 点 C は円 Y の周上を一定の速さで反時計回りに進み, 3 時間で一周します。

また, 点 P があり, 点 P は, 次の［移動 1］,［移動 2］,［移動 3］ができます。

［移動 1］：点 A を通る直線上を 1 時間に 50m の速さで 12 分間進む。
［移動 2］：円 X の周上を点 B と一緒に進む。
［移動 3］：円 Y の周上を点 C と一緒に進む。

現在, 3 点 A, B, C は図のように 1 列に並んでいて, 点 P は点 A と重なっています。

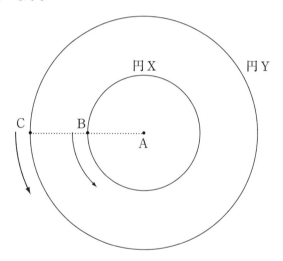

このあと, 点 P が点 A から移動して, 以下のようにして点 A に戻ってくることを考えます。

―――――― 点 P の動き ――――――

① ［移動 1］で点 A から点 B に移る。

② ［移動 2］で点 B と一緒に 8 分間進む。

③ ［移動 1］で点 B から点 C に移る。

④ ［移動 3］で点 C と一緒に何分間か進む。

⑤ ［移動 1］で点 C から点 B に移る。

⑥ ［移動 2］で点 B と一緒に 8 分間進む。

⑦ ［移動 1］で点 B から点 A に移る。

点 P が上の動きを最後までできるように，①の移動の開始時と，④の移動の時間を調節します。

(1)　①の移動を開始してから③の移動で点 C に到着するまでの点 P の動きは下の図のようになります。解答らんの図に，①の移動開始時の点 B と点 C のおよその位置をそれぞれわかるように書きこみなさい。

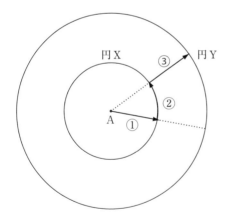

(2)　①の移動の開始時を現在から最短で何分後にすれば，③の移動までで点 P が点 C に到着することができますか。

(3)　①の移動を開始してから⑦の移動で点 A に戻るまでに，点 P の動く道のりは最短で何 m ですか。四捨五入して小数第 1 位まで求めなさい。

解説②

② 点B ⇒ 1分間に6°進む。(360°÷60分＝6°/分)
　　点C ⇒ 1分間に2°進む。(360°÷180分＝2°/分)

(1)

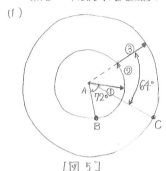

[図5]

①の移動には12分かかるので、①の移動開始時刻に
点Bは6°×12＝72° ①の終着点よりも手前にいなくては
ならない。…Bの位置
また点Cは③の終着点で点Pと出会う。③の終着時刻
は①の開始時刻より12分＋8分＋12分＝32分後である。
点Cは1分間に2°進むので、①の移動開始時刻に
点Cは2°×32分＝64° ③の終着点より手前にいる。…Cの
位置。これを図で示すと[図5]のようになる。〃

(2) (1)で①の移動開始時刻に点BとCの角度が何度になっているかを計算する。②の移
動では6°×8分＝48°動くので、(72°＋48°)－64°＝56°分 点Bは点Cよりも手前にいる。
[図6]。点Bは点Cより速く動くので、点Bは点Cに1周して追いつく手前の
56°ということがわかるので360°－56°＝304°分 点Bは点Cより先に進んだ
ことになる。よって304°÷(6°/分－2°/分)＝76分後となる。76分後〃

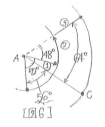

[図6]

(3) ④の移動を開始するのは 76分＋12分＋8分＋12分＝108分後。
　　⑤の移動は12分かかるので、⑤の移動開始時刻に点Bは点Cより
6°×12分＝72°手前にいなくてはならない。
　　④の移動開始時刻の点Bの位置は、スタート地点より、6°×108分＝648°
で1周と288°(648°－360°＝288°)。点Cの位置はスタート地点より、2°×108分＝216°。[図7]。
よって④の移動開始時刻に点Bは点Cより360°－(288°－216°)＝288°
手前にいる。⑤の開始時刻には点Bは点Cに72°手前まで
追いつくことになるので、(288°－72°)÷(6°/分－2°/分)＝54分間
④の移動を続けることになる。ここまで出たら最後に①～⑦の
進んだ道のりを計算していく。①③⑤⑦はどれも10m。
②⑥は 10×2×3.14×$\frac{6×8}{360}$ ＝8.373(m)。
④は 20×2×3.14×$\frac{2×54}{360}$ ＝37.68(m)。
よって 10×4＋8.37×2＋37.68＝94.42…(m)　　94.4m〃

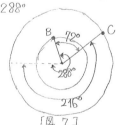

[図7]

3　　あるクラスで，生徒全員から決まった金額を集めることになりました。そこで，学級委員の太郎君と花子さんは集めやすくするために次のようなルールを作りました。

ルール1　　使えるお金は 1 円玉，5 円玉，10 円玉，50 円玉，100 円玉，500 円玉の 6 種類の硬貨とする。

ルール2　　おつりの無いように持ってくる。

ルール3　　硬貨は，1 人につき 10 枚まで持ってくることができる。

(1)　クラスの生徒 40 人から 28 円ずつ集めることにしました。

　　（ア）　ルールに合うように 28 円を持ってくる方法は全部で何通りありますか。

　　（イ）　集まったお金のうち，1 円玉を数えたら 165 枚ありました。このとき，5 円玉を 1 枚も持ってこなかった生徒は何人ですか。

(2)　このルールについて，太郎君と花子さんは次のようなやり取りをしています。空らん①～⑧にあてはまる数を答えなさい。

　　太郎　「集める硬貨が多くなり過ぎないようなルールを決めたけど，このルールだと集められない金額ってあるよね。」

　　花子　「たしかにそうね。例えば 389 円を用意するとしたら，**ルール1**と**ルール2**を守れば，最低でも　①　枚の硬貨が必要だから，**ルール3**を守れないわね。」

　　太郎　「このような金額ってどれくらいあるのかな。」

　　花子　「そのうち一番低い金額は　②　円だとわかるけど，たくさんありそうね。」

　　太郎　「49 円までの金額を用意するのに必要な最低枚数の表を作ってみたよ。」

最低枚数（枚）	金額（円）	何通りか（通り）
1	1，5，10	3
2	2，6，11，15，20	5
3	3，7，12，16，21，25，30	7
4	4，8，13，17，22，26，31，35，40	9
5	⋮	③
6	⋮	④
7	⋮	⑤
8	⋮	⑥
9	49	1

花子 「なるほど，この情報と 50 円玉，100 円玉，500 円玉の組み合わせを考えると，**ルール1**と**ルール2**を守れば，**ルール3**を守れないものは，300 円までの金額では ⑦ 通りあり，1000 円までの金額では ⑧ 通りあるわね。」

太郎 「次に集めるときはルールを考え直してみないといけないね。」

解説③

③(1)(ア)　28円の組み合わせを表を作って数えていく。[図8]。

10円	2	2	1	1	1	1	0	0	0	0	0	0
5円	1	0	3	2	1	0	5	4	3	2	1	0
1円	3	8	3	8	13	18	3	8	13	18	23	28
10枚以下かどうか	○	○	○	×	×	×	○	×	×	×	×	×

[図8]
　　　　　　　　　　　　　　　　　　　　　　　　　　　　　　　4通り〃

(イ)　1円玉の出し方は3枚か8枚で、40人全員がこのどちらかの出し方をしている。また1円玉の枚数は165枚で、「5円玉を持ってこなかった人」＝「1円玉を8枚持ってきた人」なので、つるかめ算で求めることができる。[図9]。
(165−40×3)÷(8−3)＝9　　9人〃

8枚
3枚 | 165枚
40人
[図9]

(2)① 389円を最も少ない枚数で出すには、⑩⑩⑩ ⑤⑩⑩⑩ ⑤①①①
[図10]の通り）12枚。　　300円　80円　9円
　　　　　12枚〃　　　　　　　[図10]

最低枚数(枚)	金額			
1	1,5,10　　⇒3通り	50,100	500	1000
2	2,6,11,15,20 ⇒5通り	150,200	550,600	
3	3,7,12,16,21,25,30 ⇒7通り	250,300	650,700	
4	4,8,13,17,22,26,31,35,40 ⇒9通り	950,400	750,800	
5	9,14,18,23,27,32,36,41,45 ⇒9通り	450	850,900	
6	19,24,28,33,37,42,46 ⇒7通り		950	
7	29,34,38,43,47 ⇒5通り			
8	39,44,48 ⇒3通り			
9	49 ⇒1通り			
10				

⑦　　　　　　　　　　　　　　　　　④
[図11]

② [図11]は50円未満は⑦の欄で、50円以上では⑦と④の組み合わせになる。
⑦の欄で枚数が1番多くなるのは49円で9枚。残りは2枚なので④の欄で2枚の最低金額は150円なので、49＋150＝199円が11枚で一番低い金額になる。　　199円〃

③ ⑦7 ⑦5 ⑦3〃　[図11]参照。

⑦ 300円以内で11枚以上の組み合わせは左の表の6通り。

⑦	④
49円	150円
49円	200円
39円	250円
44円	250円
48円	250円
49円	250円

6通り〃

④ 1000円までで11枚以上の組み合わせは⑦で求めた6通りの他に下の表のようになる。

④	⑦	④	⑦
300円 3枚	8枚以上⇒4通り	750円 4枚	7枚以上⇒9通り
350円 4枚	7枚以上⇒9通り	800円 4枚	7枚以上⇒9通り
400円 4枚	7枚以上⇒9通り	850円 5枚	6枚以上⇒16通り
450円 5枚	6枚以上⇒16通り	900円 5枚	6枚以上⇒16通り
550円 2枚	9枚以上⇒1通り	950円 6枚	5枚以上⇒25通り
600円 2枚	9枚以上⇒1通り	全部で⑦を含めて129通り。	
650円 3枚	8枚以上⇒4通り	129通り〃	
700円 3枚	8枚以上⇒4通り		

4 （図1）のように，1辺の長さが5mの立方体の小屋 ABCDEFGH があります。

小屋の側面 ABFE には［窓穴1］が，小屋の上面 EFGH には［窓穴2］があり，外の光が入るようになっています。そして，この小屋の展開図は（図2）のようになっています。

晴天の日のある時刻においてこの小屋の床面 ABCD で日のあたっている部分は，次のページにある（図3）の斜線部分でした。このとき，小屋の中で他の面の日のあたっている部分を解答用紙の展開図に斜線を用いて示しなさい。

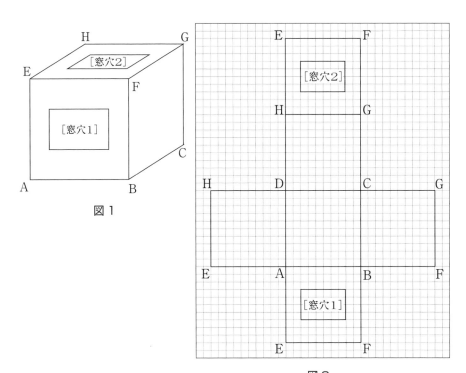

図1

図2

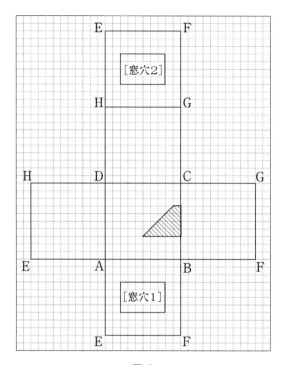

図３

解説④

⑧ 解答欄に描かれている光は[図12]の黒塗りの部分となり小屋の床面にあたる。届いた光の形は、長方形ではないので、床面から平行ではない面＝[窓穴1]からの光である。[図12]の[窓穴1]のbの位置から入る光はb'に届くので、bからb'までは下へ3目盛り(展開図の目盛り)、奥へ3目盛り、右に3目盛り移動力しているので、左から45°、上から45°の角度で光が入っていることがわかる。[図12]のように、下の面を面①、右の面を面②、後うの面を面③とすると、[窓穴1]、[窓穴2]から入る光は面①、面②、面③に届くようになる。

光は[窓穴1]、[窓穴2]からそれぞれ2面にまたがって届いている。1面ずつに分けて詳しく位置を見ていく。

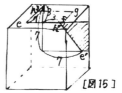

[図12]

i)[窓穴1]の面①の光

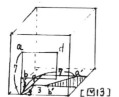

[図13]

[窓穴1]の頂点をa、b、c、dとしてその頂点からの光が、どの面のどこの位置にくるかを考えると、bからの光は3目盛り下がり、3目盛り奥へ行き、3目盛り右へ行き、図のb'の位置にくる。同様にaからの光は下へ7、奥へ7、右へ7進みa'。全ての窓穴の点は同様に進むので図の斜線のような形となる。

ii)[窓穴1]の面②の光

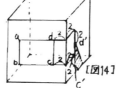

[図14]

頂点cは右へ2、奥へ2、下へ2
頂点dも右へ2、奥へ2、下へ2
それぞれ進みc'、d'へ行く。

iii)[窓穴2]の面③の光

[図15]

図のように[窓穴2]の頂点をe、f、g、hとすると。
頂点eは奥へ7、下へ7、右へ7、
頂点hは奥へ3、下へ3、右へ3
それぞれ進んでe'、h'に行く。

iv)[窓穴2]の面②の光

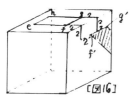

[図16]

頂点fは右へ2、下へ2、奥へ2、
頂点gも右へ2、下へ2、奥へ2
それぞれ進んでf'、g'に行く。

[図13]〜[図16]を展開すると[図17]の解答となる。

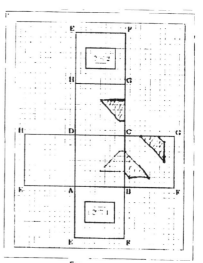

[図17]

麻布中学校
2022 ～ 2020 年度
算数の問題

2022年度 麻布中学校

《注意》円周率の値を用いるときは，3.14 として計算しなさい。

1 　2つの倉庫 A，B に同じ個数の荷物が入っています。A に入っている荷物を小型トラックで，B に入っている荷物を大型トラックで運び出します。

　それぞれの倉庫が空になるまで荷物を繰り返し運び出したところ，小型トラックが荷物を運んだ回数は，大型トラックが荷物を運んだ回数より 4 回多くなりました。また，小型トラックは毎回 20 個の荷物を運びましたが，大型トラックは 1 回だけ 10 個以下の荷物を運び，他は毎回 32 個の荷物を運びました。

　大型トラックが荷物を運んだ回数と，倉庫 B にもともと入っていた荷物の個数を答えなさい。

2 　次の図 1，図 2 の時計について，以下の問いに答えなさい。

(1) 2 時から 3 時までの 1 時間で，図 1 の点線と短針の間の角度が，長針によって 2 等分される時刻を答えなさい。ただし，秒の値のみ帯分数を用いて答えること。

図 1

(2) 1 時から 2 時までの 1 時間で，短針と長針の間の角度が，図 2 の点線によって 2 等分される時刻を答えなさい。ただし，秒の値のみ帯分数を用いて答えること。

図 2

解説①②

① 〈差集め算〉

小型トラックで運んだ回数よりも、大型トラックで
運んだ回数は4回少なく、また大型トラックで
運んだ回数のうち1回は10個より以下であっ
たので、大型トラックで運んだ回数から1回
引いた回数を□回として線分図を描く。

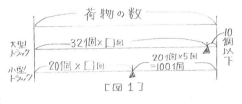

荷物の数
[図1]

[図1]参照。小型トラックは□回より5回多く
運んでいるので、20個×□回 と 20個×5回=100個を合わせた数として表わすことができる。
32×□ と 20×□ の差は(100-10)個以上(100-1)個以下=90個以上99個以下となる。
また 32×□ と 20×□ の差は □ が1大きくなるごとに(32-20)12個ずつ大きくなるのでその差は
12の倍数となる。よって90以上99以下の12の倍数は96なので□は96÷(32-20)=8(回)
となり、大型トラックは□+1(回)なので 8+1=9(回)となる。
また荷物の個数は、20個×8回+100個=260個　　　　　9回、260個 //

② 〈時計算〉

(1) 1分間で進む角度は、長針が6°、短針が0.5°なので、
長針と短針の同じ時間に進む角度の比6°：0.5°
=12：1である。また[図2]で示すように、アのラインと
長針の作る角度を⑫とすると、イとラインと短針が作る
角度は①となる。そしてアのラインと長針が作る角度と
長針と短針が作る角度は等しいので、長針と短針
の間の角度は⑫で、イのラインから短針までの角度は
①なので、長針とイのラインの角度は ⑫-①=⑪となる。
よって、アのラインからイのラインまでの角度は、⑫+⑪=㉓で
この角度は、時間では10分間に相当する。
よって⑫=10分×$\frac{⑫}{㉓}$=5$\frac{5}{23}$分=5分13$\frac{1}{23}$秒。

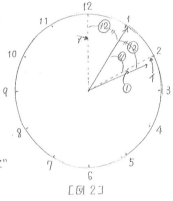

[図2]

2時5分13$\frac{1}{23}$秒 //

(2) 同じ時間で進む、長針と短針の比は12：1であるので、
長針が動いた角度を⑫、短針が動いた角度を①とする。
エのラインを軸として長針と短針は同じ角度になるので、
ウのラインと短針が作る角度＝①と長針とオのライン
の作る角度は同じになる。よってアのラインとオのラインの作る
角度は⑫+①=⑬となり、これは25分間に相当する。
よって⑫=25分×$\frac{⑫}{⑬}$=23$\frac{1}{13}$分=23分4$\frac{8}{13}$秒。

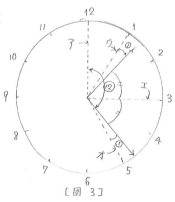

[図3]

1時23分4$\frac{8}{13}$秒 //

3 次の条件に当てはまる4桁の整数を考えます。

条件；1つの数字を3個，別の数字を1個並べて作られる。

例えば，2022 はこの条件に当てはまっています。以下の問いに答えなさい。

(1) 条件に当てはまる4桁の整数のうち，どの桁の数字も0でないものはいくつありますか。

(2) 条件に当てはまる4桁の整数は全部でいくつありますか。

(3) 条件に当てはまる4桁の整数のうち，3の倍数であるものはいくつありますか。

筑駒中　開成中　麻布中　桜蔭中　女子学院中

解説③

③〈場合の数〉

(1) 4桁の数は2種類の数字で構成されているので、2種類の数字を○と●で表わすと、並べ方は〔図4〕の4通りとなる。1から9の数字を○と●にあてはめるので、その組み合わせは 9×8＝72(組)。1つの組み合わせに対して並べ方は4通りあるので、4桁の整数は、72×4＝288(個)となる。　　　　　　　 __288個__ 〃

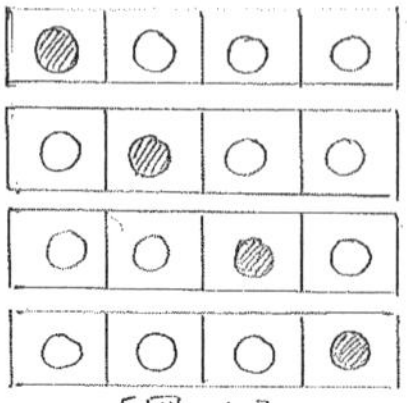

〔図4〕

(2) (1)の答えに0を含むものを合わせる。0を含む場合、(i) 0が1つのときと (ii) 0が3つのときの2パターンに分けて考える。

(i) 0が1つのとき〔図5〕
　　0と0以外の数●の並べ方は〔図5〕の3通り。●に入る数字は1から9の9個が入るので、その組み合わせは 9×3＝27(通り)…①

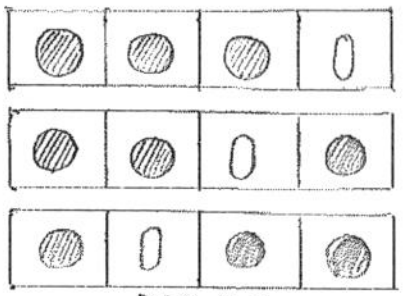

(ii) 0が3つのとき〔図6〕
　　並べ方は〔図6〕の1通りで●に入る数は1から9の9個あるので、9×1＝9(個)…②

よって0を含まない場合の288通りと①と②を合わせて
288＋27＋9＝324(個)となる。　　　　 __324個__ 〃

〔図5〕

〔図6〕

(3) (i) 0を含まないとき と (ii) 0が1つのときと (iii) 0が3つのときに分けて考える。

(i) 0を含まないとき：●○○○ ⇒ ○に入る数は常に3つあるので、1から9のどの数字が入っても○の合計は3の倍数になる。よって●が3の倍数になればよいので、●に入る数字は3か6か9。●が3のとき○に入る数字は9-1＝8(個)。よって●と○の組み合わせは 3×8＝24(組)。並べ方は4通りあるので、24×4＝96(個)…①

(ii) 0が1つのとき：●●●0 ⇒ 0以外の●の数字は3つあるので、1から9のどの数字が入っても●の合計は3の倍数なるので9組。並べ方は3通りあるので 9×3＝27(個)…②

(iii) 0が3つのとき：●000 ⇒ 0以外の●の数は1つなので●は3の倍数の3か6か9となる。●に入る数字は3つで並べ方は1通りなので 3×1＝3(個)…③

①、②、③を合わせると 96＋27＋3＝126(個)となる。　　　 __126個__ 〃

4 兄と弟の２人が，図のような東西にのびた道で，自転車に乗って競走します。２人はそれぞれ一定の速さで走り，スタート地点を変えて何回か競走します。ただし，ゴール地点は毎回変わりません。

- はじめに２回競走したところ，結果は次のようになりました。
  ２人がＡ地点から同時に出発したところ，兄が弟より4.6秒早くゴール地点に到着（とうちゃく）しました。
- Ａ地点の24m東にＢ地点があります。弟がＢ地点から，兄がＡ地点から同時に出発したところ，弟が兄より１秒早くゴール地点に到着しました。

⑴ 弟の速さは秒速何ｍですか。

さらにもう１回競争したところ，結果は次のようになりました。

- Ａ地点の6m東にＣ地点があり，Ａ地点の24m西にＤ地点があります。弟がＣ地点から，兄がＤ地点から同時に出発したところ，２人は同時にゴール地点に到着しました。

⑵ 兄の速さは秒速何ｍですか。

解説 4

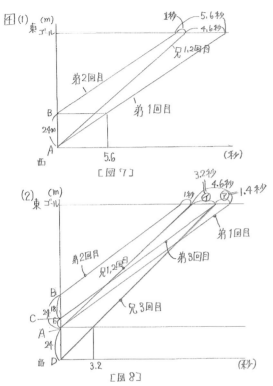

グラフを描く。〔図7〕。弟は距離値を
24m 短かくすると、時間が5.6秒
短かくなるので、弟の速さは、
$24m ÷ 5.6秒 = 4\frac{2}{7} m/秒$。
　　　　秒速 $4\frac{2}{7}$ m 〟

〔図7〕に新しい条件を加わえて、
グラフに描いていく。〔図8〕。㋐の
時間は弟が6m走った時間になる
ので、$6 ÷ 4\frac{2}{7} = 1.4$（秒）
㋑は4.6秒-1.4秒=3.2秒。
㋑の3.2秒は兄が24m走った
時間になるので、兄の速さは、
$24m ÷ 3.2秒 = 7.5 m/秒$。
　　　秒速 7.5m 〟

5 　面積が 6cm² の正六角形 ABCDEF があります。

この正六角形の辺 FA，BC，DE 上に，

　　FG：GA ＝ BH：HC ＝ DI：IE ＝ 2：1

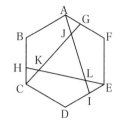

となるような点 G，H，I をとります。また，直線 AI と CG が交わる点を J，CG と EH が交わる点を K，EH と AI が交わる点を L とします。以下の問いに答えなさい。

　ただし，右の図は正確な図ではありません。

⑴　3 点 A，C，G を頂点とする三角形 ACG の面積を求めなさい。

⑵　三角形 AJG の面積を求めなさい。

⑶　三角形 JKL の面積を求めなさい。

筑駒中　開成中　麻布中　桜蔭中　女子学院中

解説⑤

⑤(1)

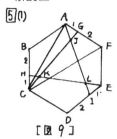

[図9]

正六角形ABCDEFの面積を1とすると、三角形ACFの面積は $\frac{1}{3}$ で、三角形ACGの面積は三角形ACFの面積の $\frac{1}{3}$ になるので、三角形ACGの面積は $\frac{1}{3} \times \frac{1}{3} = \frac{1}{9}$ となる。実際の正六角形の面積は 6cm² なので $6 \times \frac{1}{9} = \frac{2}{3}$ (cm²)。

$$\underline{\frac{2}{3} \text{cm}^2}$$

(2)

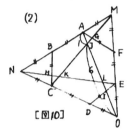

[図10]

正六角形ABCDEFで、辺AB、辺CD、辺EFの両端をそれぞれ延長させて、その交点を点M、N、Oとする。[図10]。正六角形ABCDEFの外側にできた三角形AFMとBCNとDEOはどれも正三角形で面積は正六角形の $\frac{1}{6}$ となるので、三角形MNOは正六角形ABCDEFの1.5倍で6cm² × 1.5倍 = 9cm²となる。三角形AJGと三角形OJCは相似になるので、AJ:OJ=1:6。よって三角形MAJの面積は三角形MNO× $\frac{1}{3} \times \frac{1}{1+6} = 9 \times \frac{1}{3} \times \frac{1}{7}$

$$\underset{\text{三角形MAJ}}{\overset{\text{三角形MAO}}{}}$$

$= \frac{3}{7}$ (cm²)　①

また三角形MAGの面積は三角形MAF× $\frac{1}{3}$ = 6× $\frac{1}{6}$ × $\frac{1}{3}$ = $\frac{1}{3}$ (cm²) …②
よって三角形AJGの面積は①−②= $\frac{3}{7} - \frac{1}{3} = \frac{2}{21}$ (cm²)　　$\underline{\frac{2}{21} \text{cm}^2}$

(3) 三角形JKLの面積は三角形MNOから三角形MJOの面積の3倍を引いたものになる。三角形MJOの面積は 三角形MAO× $\frac{6}{1+6}$ = 3× $\frac{6}{7}$ = $\frac{18}{7}$ (cm²)
よって三角形JKL = 9− $\frac{18}{7}$ ×3 = $1\frac{2}{7}$ (cm²)　　$\underline{1\frac{2}{7} \text{cm}^2}$

6 　1から250までの整数が書かれたカードが1枚ずつあり，これらは上から1のカード，2のカード…，250のカードの順で積まれています。Aさん，Bさん，Cさん，Dさんの4人がA→B→C→D→A→B→C→…の順番で次の作業をします。

- 積まれているカードの中で一番上のものを引き，自分の手札にする。
- 自分の手札に書かれている数をすべて合計する。
- その合計が10の倍数になったときだけ自分の手札をすべて捨てる。

　この作業を，積まれているカードがなくなるまで繰り返します。以下の問いに答えなさい。

(1) Bさんが引いたカードに書かれた数を，小さい方から順に7個書きなさい。また，Bさんが最初に手札を捨てることになるのは，何の数のカードを引いたときか答えなさい。

(2) Aさんが最初に手札を捨てることになるのは，何の数のカードを引いたときか答えなさい。

(3) ある人が作業をした直後，手札がある人は1人もいませんでした。初めてこのようになるのは，誰が何の数のカードを引いたときか答えなさい。

(4) ある人が作業をした直後，4人全員がそれぞれ1枚以上の手札を持っていました。このようになるのは，250回の作業のうち何回あるか答えなさい。

解説⑥

⑥　1から250までのカードを A→B→C→D の順に引いていくと［図11］のように，40で1回の
　　周期が終わることがわかる。

A （1　5°　9　13°　17　21　25°　29）（33°　37）¦ 41 ‥‥
B （2　6°　10　14°　18）（22　26°　30　34°　38）¦ 42 ‥‥
C （3　7）（11°　15°　19　23　27°　31　35°　39）¦ 43 ‥‥
D （4°　8　12°　16）（20）（24°　28°　32　36）（40）¦ 44 ‥‥
　　　　　　　　　［図11］

(1) Bの欄の小さい方から順に7個は　<u>2、6、10、14、18、22、26 //</u>
　　Bが最初に捨てるのは，　<u>18 //</u>

(2) Aの引いたカードと合計を［図12］にまとめる。
　　29のカードを引いたとき合計が120となり捨て
　　ることになる。よって最初にカードを捨てるのは29の
　　カードを引いたときである。　<u>29 //</u>

引いたカード	1	5	9	13	17	21	25	29
合計	1	6	15	28	45	66	91	120

［図12］

(3) ［図11］で4人が連続して捨てる所を探すと、Dが36を引き、Aが37、Bが38、
　　Cが39を引いた時に、初めて4人が連続して捨てることになる。よって手札のある人が
　　1人もいなくなるのは、<u>C</u> さんが <u>39 //</u> のカードを引いたとき。

(4) 40までを1周期とすると250までに 250÷40＝6あまり10 で，6周期と残りは10枚の
　　カードとなる。1周期の中で4人全員が1枚以上の手札を持っているときに ●印をつける
　　と1周期の中に16回あることがわかる。また、1から10までの間で ●印がついている
　　箇所は3回。　よって 16回×6周期＋3回＝99回。　<u>99回 //</u>

2021 年度 麻布中学校

1 　下の図のような直角二等辺三角形①と台形②があります。

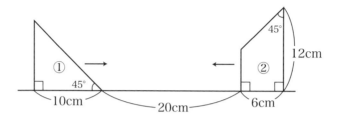

　図の位置から①を毎秒 1cm で右へ，②を毎秒 2cm で左へ，同時に動かします。9 秒後に①と②が重なっている部分の面積は何 cm² ですか。

2 　たかし君とまこと君が全長 6km のマラソンコースを同時にスタートし，それぞれ一定の速さで走り始めました。たかし君はスタートして 3.6km の地点 P から，それまでの半分の速さで走りました。たかし君が地点 P を通り過ぎた 15 分後から，まこと君はそれまでの 2.5 倍の速さで走りました。まこと君はゴールまで残り 600m の地点でたかし君を追い抜いて先にゴールしました。また，たかし君はスタートしてから 40 分後にゴールしました。

(1) たかし君がスタートしたときの速さは分速何 m ですか。

(2) まこと君がスタートしたときの速さは分速何 m ですか。

解説①②

① ①と②が9秒間で動く距離は $9 \times (1+2) = 27$ (cm)。9秒後の①と②の位置は[図1]で示した通りとなる。

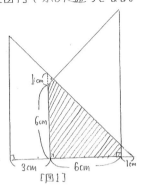

[図1]

重なっている部分は2辺が7cmの直角二等辺三角形から、2辺が1cmの直角二等辺三角形と斜辺が1cmの直角二等辺三角形を引いた面積となるので、

$$7 \times 7 \times \frac{1}{2} - 1 \times 1 \times \frac{1}{2} - 1 \times 1 \times \frac{1}{4} = 23\frac{3}{4} \text{ (cm}^2) \quad \underline{23\frac{3}{4} \text{ cm}^2}$$

② (1) たかし君の0kmから3.6kmまでと、3.6kmから6kmまでの、速さと時間と距離の比を表にする。([表1])。表をもとにグラフを描く。([図2])。

	0~3.6km	:	3.6~6km
速さ	1	:	$\frac{1}{2}$
時間	㋐=3	:	㋑=4
距離	3.6km	:	2.4km

[表1]

$$㋐:㋑ = \frac{3.6}{1} : \frac{2.4}{\frac{1}{2}} = 3:4$$

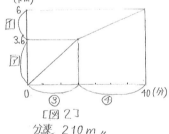

[図2]

分速 210 m

③+④=㋐=40分。④=$\frac{40}{7}$分、③=$\frac{120}{7}$分。たかし君がスタートして地点Pまで走るとき、距離は3.6km、時間は$\frac{120}{7}$分なので、速さは $3.6\text{km} \times 1000 \div \frac{120}{7} = 210$ (m/分)。

(2) [図2]にまこと君の動きを描き加える。[図3]。まこと君がたかし君に追いついた時間は、
$600\text{m} \div 210\text{m/分} = \frac{20}{7}$分 ……㋒
$40\text{分} - \frac{40}{7}\text{分} = \frac{240}{7}$分 ……④
まこと君が速さを2.5倍にした時間は
$\frac{120}{7}\text{分} + 15\text{分} = \frac{225}{7}$分 ……㋒
まこと君の0kmから5.4kmまでを速さを変える前と後の速さと時間と距離の比を[表2]に示す。

	変える前	:	変えた後
速さ	1	:	2.5
時間	$\frac{225}{7}$	:	$\frac{15}{7}$
距離	㋒	:	㋓

$$㋒:㋓ = 1 \times \frac{225}{7} : 2.5 \times \frac{15}{7} = 6:1。$$
㋒+㋓=5400m なので $5400 \times \frac{6}{6+1} = \frac{32400}{7}\text{m} = ㋒$
よってまこと君がスタートした時の速さは
$$\frac{32400}{7} \div \frac{225}{7} = 144 \text{(m/分)}。 \quad \underline{分速 144 m}$$

[図3]

3 同じ形と大きさのひし形の紙がたくさんあります。

これらの紙を，縦横何列かずつはり合わせます。このとき，となりのひし形と重なり合う部分はひし形で，その1辺の長さは元のひし形の $\frac{1}{4}$ 倍となるようにします。最後にこの図形の一番外側を太線で囲みます。

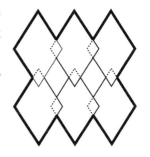

←ひし形の紙

倒えば，縦2列，横3列の計6枚のひし形の紙をはり合わせてこの図形の一番外側を太線で囲んだ場合は，右図のようになります。太線の内側には，紙が重なり合う部分が7か所あり，紙のない所が2か所できます。

この方法で，縦10列，横20列の計200枚のひし形の紙をはり合わせて，この図形の一番外側を太線で囲みました。以下の問いに答えなさい。

(1) 太線の内側に，紙が重なり合う部分は何か所ありますか。

(2) 太線の内側の面積は，ひし形の紙1枚の面積の何倍ですか。ただし，太線の内側の面積には，紙のない所の面積も含むものとします。

解説③

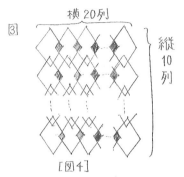

横20列

縦10列

[図4]

(1) 紙が重なり合う部分を[図4]のように◆黒く塗りつぶした所と、◇白い所に分けて考える。

◆の個数：縦の列 × (横の列-1) = 10×(20-1) = 190

◇の個数：(縦の列-1) × 横の列 = (10-1)×20 = 180

よって重なり合う部分の合計の個数は

190 + 180 = 370 (か所)　　　　370か所

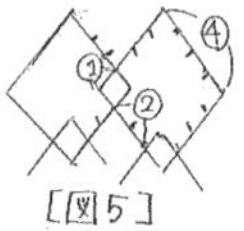

[図5]

(2) 太線の内側の面積 = (紙の面積の合計) + (紙のない部分の面積の合計) - (重なり合う部分の面積の合計) となる。ひし形の紙 1枚分の面積を「1」とすると、

・(紙の面積の合計)：1 × 200枚 = 200 ‥‥①

・(紙のない部分の面積の合計)：(紙のない部分の個数) = (縦の列-1) × (横の列-1)

= (10-1) × (20-1) = 171(か所)。(1か所あたりの面積) = $1 × \frac{1}{2} × \frac{1}{2} = \frac{1}{4}$。

(紙のない部分の面積の合計) = $\frac{1}{4} × 171 = \frac{171}{4}$ ‥‥② ([図5]参照)

・(重なり合う部分の面積の合計)：(重なり合う部分の個数) = 370か所。

(1か所あたりの重なり合う部分の面積) = $1 × \frac{1}{4} × \frac{1}{4} = \frac{1}{16}$。

(重なり合う部分の面積の合計) = $\frac{1}{16} × 370 = \frac{165}{8}$ ‥‥③ ([図5]参照)

よって太線の内側の面積 = ①+②-③ = $200 + \frac{171}{4} - \frac{165}{8} = \frac{1757}{8}$。

ひし形 1枚の面積の「1」で割って、$\frac{1757}{8} ÷ 1 = \frac{1757}{8} = 219\frac{5}{8}$(倍)。　　$219\frac{5}{8}$倍

4 　1.07 と書かれたカード A と，2.13 と書かれたカード B がそれぞれたくさんあり，この中から何枚かずつを取り出して，書かれた数の合計を考えます。

　例えば，カード A を 10 枚，カード B を 1 枚取り出したとき，書かれた数の合計は 12.83 です。このとき，12 をこの合計の整数部分，0.83 をこの合計の小数部分と呼びます

(1) カード A とカード B を合わせて 32 枚取り出したとき，書かれた数の合計の小数部分は 0.78 でした。この合計の整数部分を答えなさい。

(2) カード A とカード B を合わせて 160 枚取り出したとき，書かれた数の合計の小数部分は 0.36 でした。この合計の整数部分として考えられる数をすべて答えなさい。ただし，解答らんはすべて使うとは限りません。

解説④

④(1) 合計の数を面積図を使って表すと[図6]のようになる。
斜線部分の合計は 1.07×32＝34.24 で小数分部は0.24。
全体の小数部分は0.78であるので、⑦の小数部分は
0.78－0.24＝0.54 で、⑦＝1.06×□の小数部となるので
1.06×□＝～.54。よって、6×□＝～.4。6をかけて、1の位が
4になる□の1の位は 4か9 が考えられ、□は 32未満の整数
となるので、筆算の式を書いて考えると[図7]のようになり、
i)は ① の所に 3が入らなければならないが、6をかけて
1の位が 3になるものは存在しないので不適当。

ii)は ⑦ の所に 0が入るので、② の所は 0か5 となる。
□は32未満であるので 59は不適当であり、②＝0 と
なり、□＝9 であることがわかる。

よって合計の数は ▧＋⑦＝1.07×32＋1.06×9＝43.78。
整数部分は43。　　　43ₙ

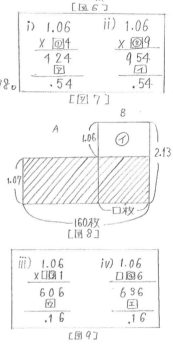

i) 1.06
　×□④
　4 2 4
　 ⑦.54

ii) 1.06
　×②9
　9 5 4
　 ①.54

[図7]

(2) (1)と同様に面積図で考える。全体の小数部分は0.36、
斜線部分は 1.07×160＝171.2 なので、①の小数部分
は 0.36－0.2＝0.16 となる。1.06×□＝～.16 となる
□を探していく。□は160未満の整数で、6をかけると、
1の位が 6になるものは 1と6 なので、筆算の式を書い
て考える。[図8]、[図9]参照。

iii) は ⑦ が1となるが、6をかけて1の位が1になるものは
存在しないので不適当。

iv) は ① が8となり、6をかけて1の位が8になるものは
3と8 なので、④には 3か8 が入る。
□は160未満であるので □＝36、86、136 の3通り
となる。よって面積の合計は ▧＋① なので、
1.07×160＋1.06×36＝209.36
1.07×160＋1.06×86＝262.36
1.07×160＋1.06×136＝315.36

iii) 1.06
　×□1
　6 0 6
　⑦.16

iv) 1.06
　□⑤6
　6 3 6
　④.16

[図9]

整数部分は 209、262、315ₙ となる。

5　1から7までの数字が書かれた正六角形のライトが右図のように並んでいて，角ライトを押すと，以下のように点灯と消灯が切りかわります。

- 押されたライトの点灯と消灯が切りかわる。
- 押されたライトに接するライトのうち，押^おされたライトより大きい数字が書かれたライトの点灯と消灯が切りかわる。

例えば，下の図のように，1，7のライトだけが点灯しているとき，3→2の順でライトを押すと，1，2，3，5，6，7のライトだけが点灯します。

このとき，以下の問いに答えなさい。

(1) すべてのライトが消灯しているとします。そこから1→5→6の順でライトを押したとき，点灯しているライトの数字をすべて答えなさい。

(2) 2のライトだけが点灯しているとします。そこからすべてのライトを消灯させるには，少なくとも3回ライトを押す必要があります。3回で消灯させる押し方を一つ答えなさい。

(3) 1，4，6のライトだけが点灯しているとします。そこからすべてのライトを消灯させるには，少なくとも5回ライトを押す必要があります。5回で消灯させる押し方を一つ答えなさい。

解説⑤

⑤ 押すライトと切り替えるライトの関係を［図10］で表わす。

切替るライト	押すライト							(1)				(2)				(3)					
	1	2	3	4	5	6	7	1	5	6	結果	初め	2	4	6	初め	1	2	3	5	7
1	○							○			◎					○	○				
2	○	○						○			◎	○	○				○	○			
3			○					○			◎						○		○		
4	○	○	○	○				○			◎		○	○		○	○	○	○		
5		○		○	○				○		◎		○	○				○		○	
6			○	○		○				○	◎			○	○	○			○		
7				○	○	○	○		○	○	✕			○	○					○	○

［図 10］

(1) ［図10］の(1)で、押したライトは 1→5→6 なので、押したライトに対して切り替わるライトの番号に○を付ける。切り替るライトの同じ数字のところに付いている○の数が奇数個であるなら点灯(◎)し、偶数個であれば消える(✕)ので、点灯しているライトは 1,2,3,4,5,6 となる。

<u>1,2,3,4,5,6</u> 〃

(2) 初めに 2のライトだけが点灯している。2のライトを消すには、1か2のライトを押すが、1のライトを押すと、1が点灯してしまい、それを消すのにまた 1を押さなくてはならないので、2を消すために 1を押すのは有効ではない。よって 2を消すために 2を押す。すると 2は消えるが 4と5があらたに点灯する。それを消すために、4を押すと 4と5が消えて、6と7が点灯する。最後に 6を押すと、6と7が消えて、すべてのライトが消灯できる。［図10］(2)

<u>2→4→6</u> 〃

(3) ［図10］の(3)のように、初めに 1,4,6のライトが点灯しているが、5つのライトを押したときに切り替わるライトの同じ数字にすべて偶数個の○が並ぶような組み合わせを考えていく。すると［図10］の(3)のように 1,2,3,5,7のライトを押すとすべてが偶数個となり、消灯できる。

<u>1→2→3→5→7</u> 〃

注意：(2)(3)は順番を変えても○の数は変わらないので成立する。

6 赤色と緑色の2つのサイコロをこの順に振り，出た目をそれぞれA，Bとします。ただし，サイコロには1から6までの目が一つずつあります。このとき，$A \times B$ が決まった数になるような目の出方が何通りあるか数えます。例えば，$A \times B = 8$ となるような目の出方は $A = 2$，$B = 4$ と $A = 4$，$B = 2$ の2通りあります。

(1) $A \times B = \boxed{ア}$ となるような目の出方は全部で4通りありました。$\boxed{ア}$ に当てはまる数をすべて答えなさい。ただし，解答らんはすべて使うとは限りません。

(2) $A \times B = \boxed{イ}$ となるような目の出方は全部で2通りありました。$\boxed{イ}$ に当てはまる数はいくつあるか答えなさい。

赤色，緑色，青色，黄色の4つのサイコロをこの順に振り，出た目をそれぞれA，B，C，Dとします。

(3) $A \times B = C \times D$ となるような目の出方は全部で何通りあるか答えなさい。

解説 6

6 (1) AとBをかけた答えを表にまとめる。[図11]。
　　A×B=⑦で ⑦が4か所ある数を[図11]から探す。
　　すると 6(1×6,6×1,2×3,3×2の4か所)と
　　12(2×6,6×2,3×4,4×3の4か所)の2つであることが
　　わかる。　　　よって　⑦= 6, 12 〃

B\A	1	2	3	4	5	6
1	1_1	2_2	3_2	4_3	5_2	6_4
2	2_2	4_3	6_4	8_2	10_2	12_4
3	3_2	6_4	9_1	12_4	15_2	18_2
4	4_3	8_2	12_4	16_1	20_2	24_2
5	5_2	10_2	15_2	20_2	25_1	30_2
6	6_4	12_4	18_2	24_2	30_2	36_1

[図11]

(2) A×B=④ で ④ が2か所ある数字を[図11]から探す。
　　数字の右下に小さく2と書いてある数で
　　④= 2,3,5,8,10,15,18,20,24,30 の10個となる。
　　　　　　　　　　　　　　　　10個 〃

(3) A×B=⑦とすると⑦は[図11]の中でそれぞれ1か所〜4か所の数字の4通りの場合が
　　あるので、それぞれの場合に分けて A×B=C×D になる組み合わせを考える。
　　i)1か所: 1,9,16,25,36 の5個。この場合は、1×1=1×1 など、A×B=C×Dの
　　　　組み合わせは それぞれ 1通りずつしかないので 1通り×5個= 5通り …①
　　ii)2か所: 2,3,5,8,10,15,18,20,24,30 の10個。
　　　　　例えば 2は 2×1と1×2 の2か所なので A×BもC×Dも 2通りずつある。
　　　　　A×B=C×D
　　　　　2×1 = 2×1 ⎫
　　　　　2×1 = 1×2 ⎬ 2×2=4通り　　　　よって 2×2×10個= 40通り …②
　　　　　1×2 = 2×1 ⎪
　　　　　1×2 = 1×2 ⎭
　　iii)3か所: 4 だけである。A×B=C×D の
　　　　　組み合わせは[図12]の9通り
　　　　　となる。
　　　　　3×3=9(通り) …③

A×B= C×D	A×B=C×D	A×B = C×D
2×2= 1×4	4×1 = 1×4	1×4 = 1×4
2×2= 4×1	4×1 = 4×1	1×4 = 4×1
2×2= 2×2	4×1= 2×2	1×4 = 2×2

[図12]

　　iv)4か所: 6,12 の2個。A×B=C×D となる組み合わせは、それぞれに 4×4=16(通り)
　　　　　あり、2つ合わせるので 16×2= 32(通り) …④
　　よって ①+②+③+④ = 5+40+9+32= 86(通り)となる。　　　86通り 〃

2020 年度 麻布中学校

1 次の式の□には同じ数が当てはまります。

$$\left(4\frac{1}{4} - \Box\right) : \left(3\frac{5}{6} - \Box\right) = 31 : 21$$

□に当てはまる数を答えなさい。

筑駒中 開成中 麻布中 桜蔭中 女子学院中

解説 ①

① (解き方1) □を使った式で解く。

$(4\frac{1}{4} - □) : (3\frac{5}{6} - □) = 31 : 21$

$(4\frac{1}{4} - □) \times 21 = (\frac{23}{6} - □) \times 31$

$\frac{357}{4} - □ \times 21 = \frac{713}{6} - □ \times 31$

$□ \times (31 - 21) = \frac{713}{6} - \frac{357}{4} = \frac{355}{12}$

$□ \times 10 = \frac{355}{12}$

$□ = \frac{355}{12} \times \frac{1}{10} = 2\frac{23}{24}$ 　　　　　$2\frac{23}{24}$ 〃

(解き方2) 差が等しいことに注目して比を使う。

$(4\frac{1}{4} - □) : (3\frac{5}{6} - □) = 31 : 21$ を線分図で表わすと [図1]のようになる。

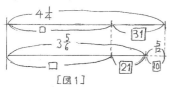
[図1]

$4\frac{1}{4}$ と $3\frac{5}{6}$ の差は $4\frac{1}{4} - 3\frac{5}{6} = \frac{5}{12}$

$\boxed{31}$ と $\boxed{21}$ の差は $\boxed{31} - \boxed{21} = \boxed{10}$

よって $\boxed{10} = \frac{5}{12}$ となるので $\boxed{1} = \frac{1}{24}$, $\boxed{31} = \frac{31}{24}$ となる。

$□ = 4\frac{1}{4} - \boxed{31} = 4\frac{1}{4} - \frac{31}{24} = 2\frac{23}{24}$ 　　$2\frac{23}{24}$ 〃

2 　下の図のように，半径5cmの半円を，4つの直線によって**ア，イ，ウ，エ，オ**の5つの部分に分けます。ここで，図の点C，D，Eは直径 AB を4等分する点です。また，○の印がついた4つの角の大きさはすべて 45° です。

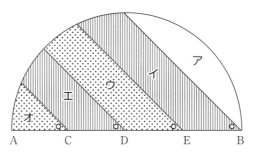

　このとき，以下の問いに答えなさい。

(1) **ア**の面積は何 cm² ですか。

(2) **イ**と**エ**の面積の和から**ウ**と**オ**の面積の和を引くと，何 cm² になりますか。

必要ならば，下の図は自由に用いてもかまいません。

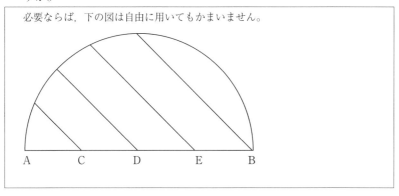

解説②

② (1)

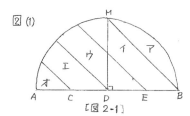

[図 2-1]

[図2-1] のように点 D から辺 AB に垂直に円周に向って直線を引き、円周との交点を点 M とする。

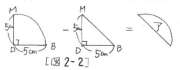

[図 2-2]

[図2-2] より ア = $5 \times 5 \times 3.14 \times \frac{1}{4} - 5 \times 5 \times \frac{1}{2} = 7.125$(cm²)　　<u>7.125 cm²</u>

(2)

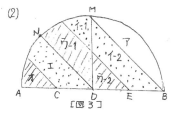

[図 3]

[図3] のようにウとエの間の直線と円周との交点を点 N とする。また、イとウの部分を辺 MD で分けて、それぞれをイ-1、イ-2、ウ-1、ウ-2 とする。

おうぎ形 DAM は辺 ND を対称軸として対称の図形となっている。よって面積はイ-1＝オ、ウ-1＝エとなる。

よって (イとエの面積)-(ウとオの面積)=(イ-2の面積)-(ウ-2の面積) であるので、

$$\underbrace{5 \times 5 \times \frac{1}{2}}_{(イ-2の面積)} - \underbrace{\frac{5}{2} \times \frac{5}{2} \times \frac{1}{2}}_{(ウ-2の面積)} = \frac{25}{4} = 6\frac{1}{4}\,(\text{cm}^2)\ (6.25\,\text{cm}^2)$$

<u>$6\frac{1}{4}$ cm² (6.25 cm²)</u>

3　　1から6までの6つの数字を1度ずつ使って，6桁の整数を作ります。このとき，以下の問いに答えなさい。

(1) 各位の数字を2で割った余りを考えると，同じ余りがとなり合うことはありませんでした。このような整数は全部で何個作れますか。ただし，割り切れるときには余りは0と考えます。

(2) 各位の数字を2で割った余りを考えると，同じ余りがとなり合うことはありませんでした。また各位の数字を3で割った余りを考えても，同じ余りがとなり合うことはありませんでした。このような整数は全部で何個作れますか。ただし，割り切れるときには余りは0と考えます。

筑駒中　開成中　麻布中　桜蔭中　女子学院中

解説③

③(1) 1から6までの整数を2で割ると、余りが1ならば奇数、余りが0ならば偶数である。同じ余りがとなり合わないので、[図4]のように2つのパターンが考えられる。それぞれのパターンで並べ方がいくつできるかを考える。

〈パターン1〉

奇	偶	奇	偶	奇	偶

〈パターン1〉では奇数の並べ方は3×2×1＝6（個）。偶数の並べ方も3×2×1＝6（個）。奇数と偶数の並べ方を組み合わせると、6×6＝36（個）。

〈パターン2〉も同様に36（個）。

〈パターン2〉

偶	奇	偶	奇	偶	奇

[図4]

〈パターン1〉と〈パターン2〉を合わせて、36＋36＝72（個）。　**72個**

(2) 2で割ったときと、3で割ったときの余りを表で表わす。[表1]。

[表1]

数字		1	2	3	4	5	6
余りの数	2でわる	1	0	1	0	1	0
	3でわる	1	2	0	1	2	0

2でわったときの余りは、(1)のときと同様、奇数と偶数が交互に来るようになり、そこに3でわったときの余りがとなり合わないように並べていく。

奇数の並べ方を決めると、条件に合う偶数の並べ方は1通りだけになるので、〈パターン1〉では並べ方は3×2×1＝6（個）。[表2]参照。

同様に〈パターン2〉も6個。〈パターン1〉と〈パターン2〉を合わせると6＋6＝12（個）となる。

12個

[表2]

÷2	÷3	÷2	÷3	÷2	÷3	÷2	÷3	÷2	÷3	÷2	÷3
1	1	0	2	1	0	0	1	1	2	0	0
1		2		3		4		5		6	
1	1	0	0	1	2	0	1	1	0	0	2
1		6		5		4		3		2	
1	0	0	2	1	1	0	0	1	2	0	1
3		2		1		6		5		4	
1	0	0	1	1	2	0	0	1	1	0	2
3		4		5		6		1		2	
1	2	0	1	1	0	0	2	1	1	0	0
5		4		3		2		1		6	
1	2	0	0	1	1	0	2	1	0	0	1
5		6		1		2		3		4	

4 　空の容器 X と，食塩水の入った容器 A，B があり，容器 A，B にはそれぞれの食塩水の濃さが表示されたラベルが貼られています。ただし，食塩水の濃さとは，食塩水の重さに対する食塩の重さの割合のことです。

　たかしさんは，次の**作業1**を行いました。

作業1　容器 A から 120g，容器 B から 180g の食塩水を取り出して，容器 X に入れて混ぜる。

　このとき，ラベルの表示をもとに考えると，濃さが 7% の食塩水ができるはずでした。しかし，容器 A に入っている食塩水の濃さは，ラベルの表示よりも 3% 低いことがわかりました。容器 B に入っている食塩水の濃さはラベルの表示通りだったので，たかしさんは，次の**作業2**を行いました。

作業2　容器 A からさらに 200g の食塩水を取り出して，容器 X に入れて混ぜる。

　この結果，容器 X には濃さが 7% の食塩水ができました。容器 A，B に入っている食塩水と，**作業1**のあとで容器 X にできた食塩水の濃さはそれぞれ何 % ですか。

筑駒中　開成中　麻布中　桜蔭中　女子学院中

解説 ④

④ [作業1]
表示の濃さ

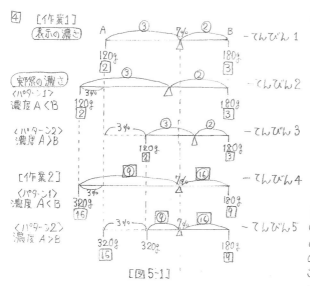

[図 5-1]

ラベル通りの濃さで[作業1]のてんびん図を描くと（てんびん1）となる。また実際の濃さで、てんびん図を描こうとした場合、Bの方がAより濃い場合〈パターン1〉とAの方がBより濃い場合〈パターン2〉の2つのパターンが考えられる。（てんびん2）、（てんびん3）また[作業2]をてんびん図で表わすと〈パターン1〉は（てんびん4）で、〈パターン2〉は（てんびん5）となる。
〈パターン1〉（濃さがA<B）の場合、（てんびん2）から[作業2]を経て（てんびん4）になるが、A：Bの重さの比とてんびんの腕の長さの比の両方とも大きくなり、重さと腕の長さの反比例の関係に反する。
また、〈パターン2〉の（てんびん3）、（て

んびん5）は矛盾がないので、（てんびん3）、（てんびん5）が正しいことがわかる。よって、（てんびん1）と（てんびん5）で実際のA、Bの濃さを求め、その後（てんびん3）でXの濃さを求める。

[図 5-2]

（てんびん1）と（てんびん5）より②＝⑯なので（てんびん1）の③と②を8倍ずつすると、（てんびん1）と（てんびん5）の基準が同じになる。
③＝㉔、②＝⑯となる。
よって㉔－⑨＝⑮が3%にあたる。
⑮＝3%
①＝0.2%
⑨＝1.8%　実際のAは 7+1.8＝8.8(%)
⑯＝3.2%　Bは 7-3.2＝3.8(%)
実際のXは（てんびん3）より
(8.8-3.8)÷⑤×②+3.2＝5.8(%)

実際のA 8.8%、B 3.8%、実際のX 5.8%

5 　図1のように一辺の長さが2cmの正三角形を12個組み合わせてできる図形を「**ほしがた**」と呼ぶことにします。図2のような，一辺の長さが1cmの正六角形に内側から接する大きさの円を，中心が「**ほしがた**」の周上にあるように点Pから一周させます。

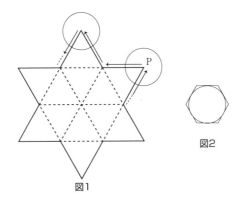

図1

図2

　円が通った部分のうち，「**ほしがた**」の外側を青く塗ります。また，円が通った部分のうち，「**ほしがた**」の内側をを赤く塗ります。以下の問いに答えなさい。

⑴ 青く塗られた部分の面積を求めなさい。ただし，一辺の長さが1cmの正三角形の面積を④ cm²，図2の円の面積を⑧ cm² として，□×④＋□×⑧ （cm²）の形で答えなさい。

必要ならば，下の図は自由に用いてもかまいません。

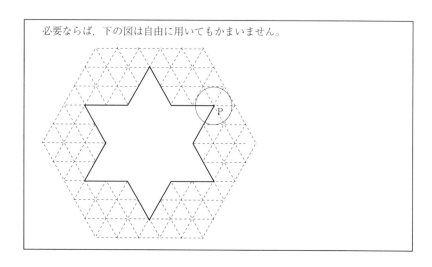

⑵ 赤く塗られた部分の面積を求めなさい。ただし，一辺の長さが1cm
の正三角形の面積を Ⓐ cm², 図 2 の円の面積を Ⓑ cm² として， ⬚
× Ⓐ ＋ ⬚ × Ⓑ （cm²）の形で答えなさい。

必要ならば，下の図は自由に用いてもかまいません。

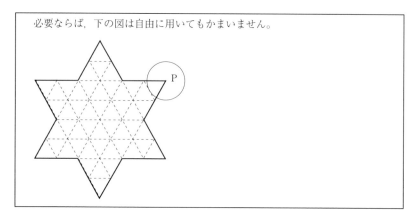

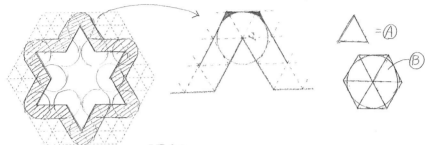

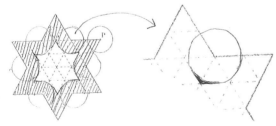

解説⑤

⑤(1) 円が通った部分のうち「ほしがた」の外側の部分を[図6]で表わす。

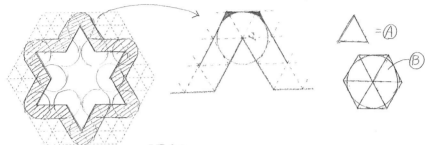

[図6]

[図6]より Ⓐ (9×6=)54個 から右図の黒く塗った部分を6ヶ所引いたものが青く塗られた面積になる。黒く塗った部分は $(Ⓐ×6-Ⓑ)÷6×2 = \frac{Ⓐ×6-Ⓑ}{3}$ なので Ⓐ×54 - $\frac{Ⓐ×6-Ⓑ}{3}$ ×6 = Ⓐ×54 - (Ⓐ×6-Ⓑ)×2 = Ⓐ×42 + Ⓑ×2。　よって　$\underline{42×Ⓐ + 2×Ⓑ}$

(2) 円が通った部分のうち「ほしがた」の内側の部分を[図7]で表わす。

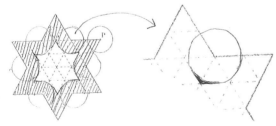

[図7]

[図7]より Ⓐ (6×6=)36個 から右側の黒く塗った部分を6ヶ所引いたものが赤く塗られた面積になる。黒く塗った部分は $(Ⓐ×6-Ⓑ)÷6 = \frac{Ⓐ×6-Ⓑ}{6}$ なので Ⓐ×36 - $\frac{Ⓐ×6-Ⓑ}{6}$ ×6 = Ⓐ×36 - (Ⓐ×6-Ⓑ) = Ⓐ×30 + Ⓑ×1。　よって　$\underline{30×Ⓐ + 1×Ⓑ}$

6 周の長さが 1m の円があります。図 1 のように，この円の周上を点 A は反時計回りに，点 B は時計回りにそれぞれ一定の速さで動きます。点 A と点 B は地点 P から同時に動き始め，2 点が同時に地点 P に戻ったとき止まります。以下の問いに答えなさい。

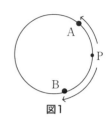

図1

(1) 点 A の動く速さと点 B の動く速さの比が 3：5 のとき，点 A と点 B が同時に地点 P に戻って止まるまでに，2 点は地点 P 以外で何回すれ違いますか。

(2) 点 A の動く速さと点 B の動く速さの比が**ア**：**イ**のとき，点 A と点 B が同時に地点 P に戻って止まるまでに，2 点は地点 P 以外で 14 回すれ違いました。このとき，**ア**：**イ**として考えられるものをすべて，できるだけ簡単な整数の比で答えなさい。ただし，点 A よりも点 B の方が速く動くものとします。また，解答らんはすべて使うとは限りません。

　次に，周の長さが 1m の円を図 2 のように 2 つ組み合わせます。これらの円の周上を，点 A と点 B はそれぞれ一定の速さで次のように動きます。

• 点 A は 5 つの地点 P，Q，R，S，T を，P → Q → R → P → S → T → P の順に通りながら繰り返し 8 の字を描くように動く。

• 点 B は 5 つの地点 P，Q，R，S，T を，P → T → S → P → R → Q → P の順に通りながら，繰り返し 8 の字を描くように動く。

　点 A と点 B は地点 P から同時に動き始め，2 点が同時に地点 P に戻ったとき止まります。以下の問いに答えなさい。

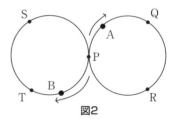

図2

(3) 点Aの動く速さと点Bの動く速さの比が3：8のとき，点Aと点B
が同時に地点Pに戻って止まるまでに，2点A，Bが動いた道のりは
合計何mですか。また，2点は地点P以外で何回すれ違いますか。

(4) 点Aの動く速さと点Bの動く速さの比が**ウ**：**エ**のとき，点Aと点B
が同時に地点Pに戻って止まるまでに，2点は地点P以外で6回すれ
違いました。点Aよりも点Bの方が速く動くものとすると，**ウ**：**エ**
として考えられるものは9通りあります。これらをすべて，できるだ
け簡単な整数の比で答えなさい。

筑駒中　開成中　麻布中　桜蔭中　女子学院中

解説⑥

⑥ (1) 速さの比は A:B = 3:5であるので、Aが3周、Bが5周したときに同時に地点Pに戻る。周の長さは1mであるので、AとBが地点Pに同時に戻るとき、Aは3m、Bは5m進み、AとBの動いた距離を合わせると8mになる。またAとBは合わせて1m進むごとに1回出会うので、8m÷1m=8回出会うことになる。最後の地点Pで出会った回数は含まないので8-1=7(回)。[図8]のようにグラフを描いて数えることもできる。　　7回

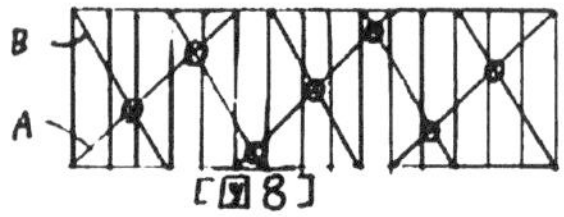

[図8]

(2) 地点P以外で14回すれ違うので、地点Pを含めると15回出会う。スタートしてから地点Pで再び出会うまでの時間を1とするとAとBは $\frac{1}{15}$ の時間ごとに出会う。これを

$$\frac{距離}{速さ}=時間$$

にあてはめると $\dfrac{1m}{AとBの速さの比の和}=\dfrac{1}{15}$ となので

AとBの速さの比の和=15で、AとBは1以外の共通の約数を持たない整数でA<Bとなる。よって ア:イ = 1:14, 2:13, 4:11, 7:8

(3) AとBの速さの比が3:8のとき、Aが3周、Bが8周したときに同時に地点Pに戻るのでそのときAとBの動いた距離は、3m+8m=11mである。またAとBは合わせて2m進むごとに1回出会うので出会う回数は11÷2=5.5(回)…①
Aは地点Pを出発してP→Q→R→P→S→T→Pの順に動き、この動きを一連の動きとすると、AはBに地点Pで出会うまでに5.5×$\frac{3}{3+8}$=1.5(回)進む。
Bは地点Pを出発してP→T→S→P→R→Q→Pの順に動き、この動きを一連の動きとすると、BはAに地点Pで出会うまでに、5.5×$\frac{8}{3+8}$=4(回)進む。
①の式の5.5回のうちの0.5回分は、AがP→Q→R→Pと一連の動きの半分進んでBと出会うということになるので、AとBが地点Pで出会うのは、Aが1回と半分、Bが4回進んだときに6回目に出会うことになる。最後に地点Pで出会う回数は数えないので6-1=5(回)　　5回　　[図9]参照。

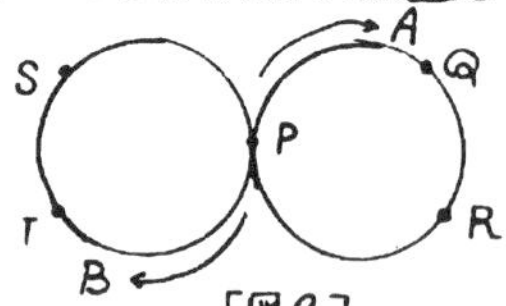

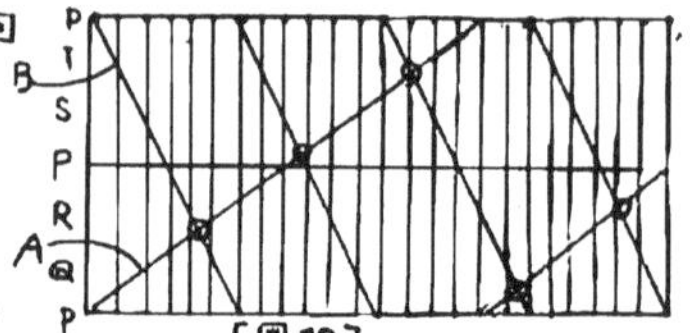

[図9]

(4) AとBは合わせて2m進むごとに1回出会う。地点P以外で6回すれ違っているので、地点Pで出会う回数を含めると7回出会う。また(3)のように一連の動きの半分で出会うこともあるので、7回出会うには、「動いた距離の合計÷2=6.5または7」の2通りが考えられる。よって「AとBの動いた距離の合計=6.5×2=13(m)と7×2=14(m)」。

[図10]

(2)と同様にスタートから地点Pで出会うまでの時間を1とすると、

$$\frac{13m}{AとBの速さの比の合計}=1 なので 変形して 13=AとBの速さの比の合計 …①$$

$$\frac{14m}{AとBの速さの比の合計}=1 を変形して 14=AとBの速さの比の合計 …②$$

となる。A<BでAとBは1以外の共通する約数を持たない整数となるので、
ウ:エ = 1:13, 3:11, 5:9, 1:12, 2:11, 3:10, 4:9, 5:8, 6:7

桜蔭中学校
2022 ～ 2020 年度
算数の問題

2022年度 桜蔭中学校

【解答上の注意】

答えはすべて解答用紙に書きなさい。

円周率を用いるときは，3.14 としなさい。

円すいの体積は（底面積）×（高さ）× $\frac{1}{3}$ で求めることができます。

---

1 次の□にあてはまる数を答えなさい。

(1) $13\frac{1}{3} - \left\{\left(4\frac{13}{14} \times \boxed{\text{ア}} - 2.375\right) \div 1\frac{2}{11} - 3\frac{5}{7}\right\} = 5\frac{11}{24}$

(2) 高さ6cmの2つの正三角形 ABC と PQR を，図のように斜線部分がすべて同じ大きさの正三角形になるように重ねて，1つの図形を作ります。この図形を，直線 ℓ 上をすべることなく矢印の方向に1回転させます。

最初，点 A は ℓ 上にあり，ℓ と CB は平行です。

① 2点 A，R が同時に ℓ 上にある状態になるまで図形を回転させたとき，点 P が動いた道のりは $\boxed{\text{イ}}$ cm です。

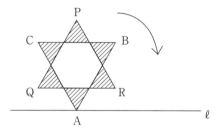

② 点 A が最初にあった位置を X とします。図形を回転させて，再び点 A が ℓ 上にくる位置を Y とします。

このとき，2点 X，Y の距離は $\boxed{\text{ウ}}$ cm です。

(3) 次のようなルールで整数を1つずつ選んでいきます。

1つ目は1以上の整数を選びます。

2つ目は1つ目より大きい整数を選びます。

3つ目以降は，直前に選んだ2つの数の和である数を選びます。

たとえば，1つ目の数が1，2つ目の数が2であるとき，

3つ目の数は3，4つ目の数は5，5つ目の数は8，……となります。

① 1つ目の数が2，4つ目の数が24であったとき，2つ目の数は
　　 エ 　です。

② 8つ目の数が160であったとき，1つ目の数は オ ，2つ目の数
　　は カ です。

解説 ①

① (1) $13\frac{1}{3} - \left\{ \left(4\frac{13}{14} \times \boxed{ア} - 2.375 \right) \div 1\frac{2}{11} - 3\frac{5}{7} \right\} = 5\frac{11}{24}$

$\left(4\frac{13}{14} \times \boxed{ア} - \frac{2375^{19}}{1000_8} \right) \div \frac{13}{11} - 3\frac{5}{7} = 13\frac{1}{3} - 5\frac{11}{24} = 7\frac{7}{8}$

$\left(\frac{69}{14} \times \boxed{ア} - \frac{19}{8} \right) \div \frac{13}{11} = 7\frac{7}{8} + 3\frac{5}{7} = 11\frac{33}{56}$

$\frac{69}{14} \times \boxed{ア} - \frac{19}{8} = 11\frac{33}{56} \times \frac{13}{11} = \frac{707}{56}$

$\frac{69}{14} \times \boxed{ア} = \frac{707}{56} + \frac{19}{8} = \frac{900}{56}$

$\boxed{ア} = \frac{707}{56} \div \frac{69}{14} = 3\frac{6}{23}$　　　　ア … $3\frac{6}{23}$ //

(2)①

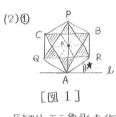

[図1]

[図2]

[図1],[図2]のように頂点 A、R、B、P、C、Q、A を順に直線で結び正六角形を作る。
2点 A、R が同時に ℓ 上にある状態は [図2] になるので、動いた角度は [図1] の★の部分となる。
よって (180度－120度(正六角形の1つの内角))÷2＝30度。
また、[図1] のように内側の正六角形を点線で

区切り正三角形を作ると、斜線の部分の正三角形と同じ大きさとなる3正三角形 ABC の
高さは 6cm で、小さな正三角形 3つ分なので、小さな正三角形の高さは 2cm。よって辺 AP の
長さは 2cm×4＝8cm となる。点 P が動いた道のりは $8 \times 2 \times 3.14 \times \frac{30}{360} = 4\frac{14}{75}$ (cm)

　　　　イ … $4\frac{14}{75}$ //

② 1周して再び点 A が ℓ 上にくるときの足距離は点 A、R、B、P、C、Q、A を直線でつないだ
正六角形の周りの長さと等しくなる。正六角形の1辺の長さは、[図1] の辺 AO と等しい
ので 2cm×2＝4cm。よって 4cm×6＝24cm　　　　ウ … 24 //

(3)① 2つ目の数を a とすると、3つ目、4つ目は [図3] のように
なる。4つ目の数が 24 であるので、$a+2+a=2+a\times2=24$、
$a\times2=22$、$a=11$。　　　　エ … 11 //

1つ目	2つ目	3つ目	4つ目
2	a	2+a	a+2+a 〃 2+a×2 〃 24

[図3]

②

1つ目	2つ目	3つ目	4つ目	5つ目	6つ目	7つ目	8つ目
b	C	b+C	b+C×2	b×2+C×3	b×3+C×5	b×5+C×8	b×8+C×13 〃 160

[図4]

1つ目の数を b、2つ目の数を C として、①と同様に 8つ目までを考えていくと [図4] のように 8つ目は
b×8＋C×13 となり、この数が 160 である。b×8＋C×13＝160 となる b と C を探していく。
b×8 と 160 はどちらも 8 の倍数であるので、C×13 は 8 の倍数であることがわかる。よって C は
8 の倍数。また、160＝8×20 なので、C が 8 とした場合 b×8＋8×13＝8×20 となり、
(b+13)×8＝20×8、b+13＝20、b＝7 となる。よって b＝7、C＝8 が成立する。

　　　　オ … 7、カ … 8 //

筑駒中　開成中　麻布中　桜蔭中　女子学院中

2 　12 時間で短針が 1 周するふつうの時計があります。0 時から 24 時までの 1 日の針の動きに注目します。

(1)　0 時を過ぎてから最初に短針と長針が重なるのは何時何分ですか。

(2)　0 時を過ぎてから 24 時になる前に，短針と長針は何回重なりますか。

解説②

②(1) 0時を過ぎて最初に短針と長針が重なるのは、長針が短針に 360度追いつくときである。短針は1分間に 30度÷60分＝0.5度、長針は1分間に 360度÷60分＝6度ずつ進む。よって長針は短針に対して、1分間に 6度−0.5度＝5.5度ずつ追いつくので、360度÷5.5度/分＝ $65\frac{5}{11}$ 分＝1時間 $5\frac{5}{11}$ 分。　　<u>1時 $5\frac{5}{11}$ 分</u>〃

(2)

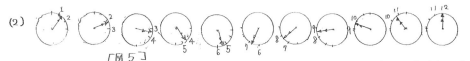

［図5］

0時を過ぎてから次の12時までは、11時台では1度も重ならず、12時ちょうどに重なるので 11回となる。また12時をすぎて次の24時になる前は最後の12時が含まれないので 10回。よって11＋10＝21（回）。　　<u>21回</u>〃

※）計算によって求めると、長針と短針は $65\frac{5}{11}$ 分ごとに重なるので、24時間で、何回重なるかは、24×60分 ÷ $65\frac{5}{11}$ ＝1440÷ $\frac{720}{11}$ ＝ $\frac{1440×11}{720}$ ＝22（回）。24時になる前までなので、22−1＝21（回）。

3　一定の速さで流れている川の上流に地点 A があり，その 5km 下流に地点 C があります。

2 地点 A, C の間に地点 B があり，AB 間の距離は BC 間の距離よりも短いです。

2 せきの定期船 P, Q は，

P は A → B → C → B → A → …… Q は C → B → A → B → C → ……

の順で AC 間を往復します。

P は A から，Q は C から同時に出発し，出発した後の地点 A, B, C ではそれぞれ 5 分とまります。

2 せきの船の静水時の速さは同じであり，川の流れの速さの 4 倍です。

船が A を出発してから，はじめて C に着くまでに 25 分かかります。

ただし，川の幅は考えないこととします。

(1) 静水時の船の速さは分速何 m ですか。

(2) P, Q は，2 地点 B, C の間で初めて出会いました。

その地点を D とするとき，AD 間の距離は何 m ですか。

(3) P, Q が 2 回目に出会ったのは地点 B でした。

このとき，P はちょうど B を出発するところで，Q はちょうど B に着いたところでした。

AB 間の距離は何 m ですか。

解説③

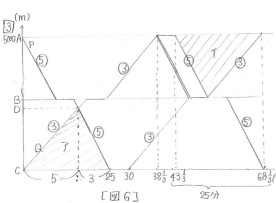

[図6]

右側の縦書きテキスト：

速さの比は 船：川＝④：① なので
下りの速さは ④＋① ＝⑤、上りの速さ
は ④－① ＝③ である。下りは25分で
AからCまで行き、途中に止まっている
5分を引いて 25－5＝20(分)。途中
止まらないで AからCまで行った場合
20分かかる。上りにかかる時間は、
速さの逆比になるので、20×$\frac{5}{3}$＝$\frac{100}{3}$(分)。
QはCからAまで 33$\frac{1}{3}$＋5＝38$\frac{1}{3}$分かかる。
このことをふまえてPとQの動きをグラフ
にすると[図6]のようになる。

(1) 下りの速さは⑤になるので、⑤の実際の速さは 5000÷(25-5)=250 (m/分)。
　　船の速さは④になるので、250×$\frac{4}{5}$=200(m/分)。　　**分速200 m**

(2) Q(上り)の速さは③、P(下り)の速さは⑤なので、同じ距離にかかる時間は逆比になる
　　ので、QとPの時間の比は 5:3 となる。[図6]の斜線部アは、地点CからPまでの
　　道のりに対して、QとPを合わせた形になっている。25分を5:3にわけるのでPのかかった時間は
　　25×$\frac{3}{5+3}$=$\frac{75}{8}$(分)。よってCD間の距離は$\frac{75}{8}$×250=2343.75(m)。AD間の距離は
　　5000-2343.75=2656.25(m)　　**2656.25m**

(3) [図6]の斜線部アの三角形と斜線部イの三角形は傾きがそれぞれ③と⑤、底辺は
　　25分なので合同な三角形になる。よってAB間の距離はCD間の距離と等しくなるので
　　2343.75m ((2)より)。　　**2343.75 m**

　　別解) Qが地点Aで5分止まらずに出発したとすると[図6]の＝＝のようになる。Qが地点Aで
　　止まらずに出発すると、その時刻は38$\frac{1}{3}$分に出発したことになる。Pは38$\frac{1}{3}$分にはCを出発した後、
　　(38$\frac{1}{3}$-30)×150=1250(m)地点Cよりも進んだ所にいる。よって、38$\frac{1}{3}$分のときのQとPの距離は
　　5000-1250=3750 (m)。出会いの旅人算より 3750÷(250+150)=$\frac{75}{8}$(分)。よってAB間の
　　距離は250×$\frac{75}{8}$=2343.25(m)
　　また、3750mを 5:3にわけて求める方法もある。3750×$\frac{5}{5+3}$=2343.25(㎝)

4

(1) いくつかの同じ大きさの正方形を，辺が重なるように並べます。

図1は4つの正方形を並べた例です。図2のようにずれたり，

図3のように離れたりすることはありません。

こうしてできた図形を，底面（A）とよぶことにします。

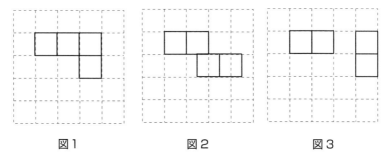

　　　　図1　　　　　　　　図2　　　　　　　　図3

底面（A）をつくる正方形と同じ辺の長さの立方体をいくつか用意し，次
の規則に従って，底面（A）の上に積み上げていきます。

　規則「底面（A）をつくる正方形それぞれについて，

　　　　他の正方形と重なっている辺の数だけ立方体を積み上げる」

たとえば，底面（A）が図4の場合は，図5のような立体ができます。

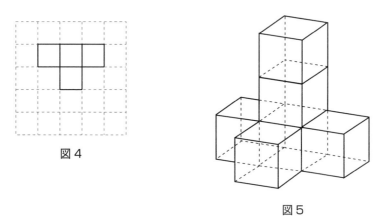

　　　図4　　　　　　　　　　　　　　　　　図5

5つの正方形を並べて底面（A）をつくるとき，

① 使う立方体の数が一番多くなるような底面（A）を，問題文の図にならっ
てかきなさい。

複数ある場合は，そのうちの1つをかくこと。また，そのときに使う
立方体は何個ですか。

② 一番高く立方体が積み上がるような底面（A）を，問題文の図にならっ
てかきなさい。

複数ある場合はそのうちの1つをかくこと。

(2) 半径3cmのいくつかの円を，他の円と接するように並べます。2つの円
のときは，図6のようになります。

(1)と向じように，離れることなく並べ，できた図形を底面（B）とよぶ
ことにします。

底面の半径が3cmで高さが3cmの円柱と円すいをいくつか用意し，次
の規則に従って，底面（B）の上に積み上げていきます。

規則「底面（B）をつくる円それぞれについて，接している円の数だ
け円柱か円すいを積み上げる。ただし，円すいの上に円柱や円
すいを積むことはできない」

たとえば，底面(B)が図6の場合は，図7のような3種類の立体ができます。

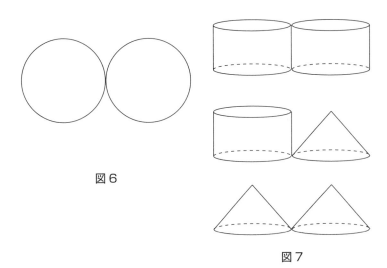

図6

図7

4つの円を並べて底面（B）をつくるとき，積み上げてできた立体の体積が350cm³ 以上 750cm³ 以下となるものについて考えます。

① 体積が一番大きくなる立体について，円柱と円すいを何個ずつ使いますか。

また，その立体の体積を求めなさい。

② 使う円すいの数が一番多くなる立体について，体積が一番大きくなる立体と，一番小さくなる立体の体積をそれぞれ求めなさい。

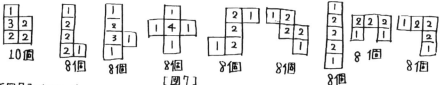

解説④

④(1)① 5つの正方形の並べ方を考えると、[図7]のようになる。

[図7]でマスの中の数字は積み上げる数になるので、一番多くなるのは左はしで10個となる。

　　　[図7]の一番左の図 、、 10個 ,,

② 一番高くなるものは、[図7]の左から4番目で高さは4つとなる。

　　　[図7]の左から4番目の図 ,,

(2)①

[図8]で円柱と円すいの体積の比は③：①であり、実際の体積を計算すると ③＝3×3×3.14×3＝84.78(cm³)、①＝3×3×3.14×3×$\frac{1}{3}$＝28.26(cm³)。 350cm³以上 750cm³以下を①がいくつ使えるかで計算すると 350÷28.26＝12.3…、750÷28.26＝26.5… なので、①が使える1個数は13個以上26個以下となる。
ここで4個の円の並べ方を考えると、[図9]のようになる。

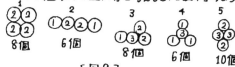

[図9]

4つの円の並べ方で一番個数が多くなるのは[図9]の一番右の図で1個数は10個。
この10個を円柱1つで③、円すい1つで①で26以下にする。円柱と円すいの個数の組み合わせを考える。[図10]の様につるかめ算をつかい、

[図10]

(③×10−26)÷(③−①)＝2(1個)
円すいが2個、円柱が10−2＝8(1個)。
体積は①×2＋⑨×8＝26。 66×28.26＝734.76(cm³)

　　　円すい2個、円柱8個、1体積 734.76 cm³ ,,

② 円すいの数が一番多くなるのは、円すいが4つの場合である。[図9]で並べ方を見ると、立体の数は、6個、8個、10個のいずれかになる。それぞれ円すいを4個使用したときの全体の1体積を表にすると、[図11]のようになる。350cm³以上 750cm³以下の条件により13以上26以下であるので、1体積が一番大きくなる立体は、円すい4個、円柱6個で1体積は22×28.26＝621.72(cm³)。
体積が一番小さくなる立体は、円すい4個、円柱4個で体積は16×28.26＝452.16(cm³)。

立体の数	6個	8個	10個
円すいの数	4個	4個	4個
円柱の数	2個	4個	6個
体積を丸数字で表示	①×4+⑨×2=⑩	①×4+⑨×4=⑯	①×4+⑨×6=㉒

[図11]　最小↗　最大↗

　　一番大きい体積 … 621.72 cm²

　　一番小さい体積 … 452.16 cm²

2021年度 桜蔭中学校

【解答上の注意】

答えはすべて解答用紙に書きなさい。

円周率を用いるときは，3.14 としなさい。

円すいの体積は（底面積）×（高さ）×$\frac{1}{3}$で求めることができます。

---

1 次の＿＿＿にあてはまる数を答えなさい。 イ は色を答えなさい。

(1) $\left(7\frac{64}{91} \times \boxed{\text{ア}} - 0.7 - \frac{5}{13}\right) \times 11 + 76\frac{11}{13} = 85\frac{5}{7}$

(2) 2021年のカレンダーの日付を1月1日から順に，青，黄，黒，緑，赤，青，黄，黒…と5色の○で囲んでいきます。

① 10月1日を囲んだ○の色は イ 色です。

② 4月の日付のうち黒色の○で囲まれた日付の数字を全部足すと ウ になります。

(3) 整数Xの約数のうち1以外の約数の個数を【X】，1以外の約数をすべて足したものを＜X＞と表すことにします。

たとえば，2021の約数は，1，43，47，2021なので【2021】= 3，＜2021＞ = 2111です。

① ＜A＞÷【A】が整数にならない2けたの整数Aのうち，最大のものは エ です。

② 【B】=2，＜B＞=1406のとき，B＝ オ です。

③ 2を10回かけた数をCとするとき【C】＝ カ です。

④ 60以下の整数のうち【D】＝3となる整数Dは全部で キ 個あります。

解説 ①

① (1) $(7\frac{64}{91} \times ⑦ - 0.7 - \frac{5}{13}) \times 11 + 76\frac{11}{13} = 85\frac{5}{7}$

$(\frac{701}{91} \times ⑦ - \frac{7}{10} - \frac{5}{13}) \times 11 = 85\frac{5}{7} - 76\frac{11}{13} = 8\frac{79}{91}$

$\frac{701}{91} \times ⑦ - \frac{7}{10} - \frac{5}{13} = \frac{807}{91} \div 11 = \frac{807}{91 \times 11}$

$\frac{701}{91} \times ⑦ = \frac{807}{91 \times 11} + \frac{7}{10} + \frac{5}{13} = \frac{246051}{91 \times 11 \times 10 \times 13} = \frac{18927}{91 \times 11}$

$⑦ = \frac{18927}{91 \times 11 \times 10} \div \frac{701}{91} = \frac{18927}{91 \times 11 \times 10} \times \frac{91}{701} = \frac{27}{110}$　　　⑦…$\frac{27}{110}$

```
  3)18927
  3) 6309
  3) 2103
      701
```

(2)① 1月1日から10月1日までの日数は 1月：31日、2月：28日、3月：31日、4月：30日、
5月：31日、6月：30日、7月：31日、8月：31日、9月：30日、10月：1日。全てたすと
$31+28+31+30+31+30+31+31+30+1 = 274$(日)
色は 青、黄、黒、緑、赤 の5色なので 274日を5で割って $274 \div 5 = 54$ あまり4。
4番目の色は緑なので、緑色となる。　　　イ…緑

② 4月1日の色を計算する。$31(1月) + 28(2月) + 31(3月) + 1(4月) = 91$(日)。$91 \div 5 = 18$あまり1
なので、4月1日は青。4月の最初の黒は4月3日になるので、黒の日は 3，8，13，18，23，28
である。全てたすと、$3+8+13+18+23+28 = (3+28) \times 6 \div 2 = 93$　　ウ…93

(3)① 2けたの数字の大きい方からそれぞれ $<A> \div 【A】$ を計算して、商をみていく。
・99の約数：1，3，9，11，33，99　$<99> = 3+9+11+33+99 = 155$　$【99】 = 5$
　$<99> \div 【99】 = 155 \div 5 = 31$　整数になる。✕
・98の約数：1，2，7，14，49，98　$<98> = 2+7+14+49+98 = 170$　$【98】 = 5$
　$<98> \div 【98】 = 170 \div 5 = 34$　整数になる。✕
・97の約数：1，97　$<97> = 97$，$【97】 = 1$
　$<97> \div 【97】 = 97 \div 1 = 97$　整になる。✕
・96の約数：1，2，3，4，6，8，12，16，24，32，48，96　$<96> = 2+3+4+6+8+12+16+24+32+48+96$
　$= 251$　$【96】 = 11$
　$<96> \div 【96】 = 251 \div 11 = 22$あまり9　整数にならない。○　　エ…96

② 整数Bの約数の数は3個であり、約数を3個持つ整数は、素因数分解すると、
$B = a \times a$(aは素数)のように、同じ素数を2つかけたものになる。よって Bの約数は、
1，a，$a \times a$ の3つとなり、$<B> = a + a \times a = 1406$ なので、この式でaをまとめて
$a \times (a+1) = 1406$。連続した2つの整数をかけて1406となる数 aとa+1を探す。
$30 \times 30 < 1406 < 40 \times 40$ であるので aは30から40のあいだで、$a \times (a+1)$ の1の位が6と
なるもので、1の位は2×3か7×8となる。実際には、$37 \times 38 = 1406$ となることがわかり a=37。
$B = a \times a = 37 \times 37 = 1369$　　オ…1369

③ $C = 2 \times 2 \times 2 \times 2 \times 2 \times 2 \times 2 \times 2 \times 2 \times 2$で、この約数の数は $10+1 = 11$(個)。ここから1を引いて
$11-1 = 10$　$【C】 = 10$　　カ…10

④ 【D】=3 となる整数 D は 約数を4つ持つ。約数を4つ持つ整数は素因数分解の
形で表わすと、D=a×a×a または D=a×b となる。 それぞれの場合にわけて 60以下の
ものを考えていく。

i) D=a×a×a のとき。 (D≦60)
   D=2×2×2=8 、 D=3×3×3=27

ii) D=a×b のとき。 (D≦60)
   D=2×3=6、D=2×5=10、D=2×7=14、D=2×11=22、D=2×13=26、 D=2×17=34
   D=2×19=38、D=2×23=46、 D=2×29=58
   D=3×5=15、 D=3×7=21、D=3×11=33、 D=3×13=39、 D=3×17=51、D=3×19=57
   D=5×7=35 , D=5×11=55

全部で　 19個　　キ…19

2 同じ大きさの白と黒の正方形の板がたくさんあります。図1のように白い板を9枚すきまなく並べて大きな正方形を作り，図2のように中央の板に，◎をかきます。次に◎以外の8枚のうち何枚かを黒い板と取りかえます。

図1

このとき，大きな正方形の模様が何通り作れるかを考えます。

ただし，回転させて同じになるものは同じ模様とみなします。

図2

たとえば，2枚取りかえたときは図3のように四すみの2枚を取りかえる2通り，図4のように四すみ以外の2枚を取りかえる2通り，図5のように四すみから1枚，四すみ以外から1枚取りかえる4通りの計8通りになります。

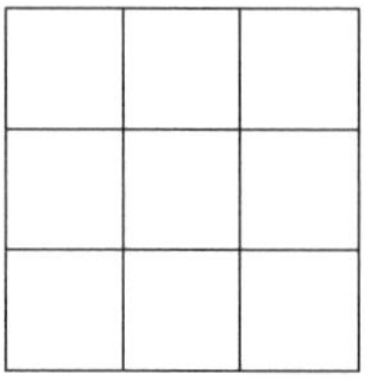

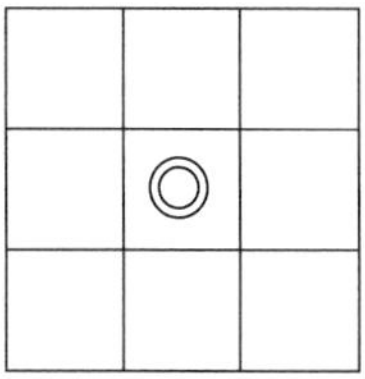

図3

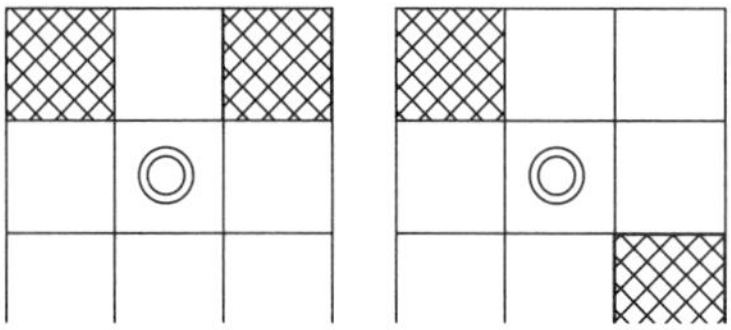

図4

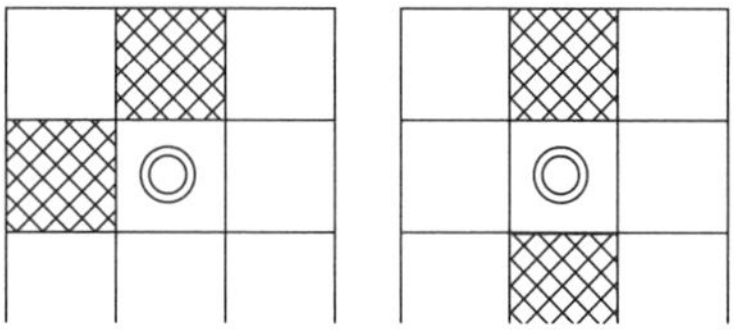

図5

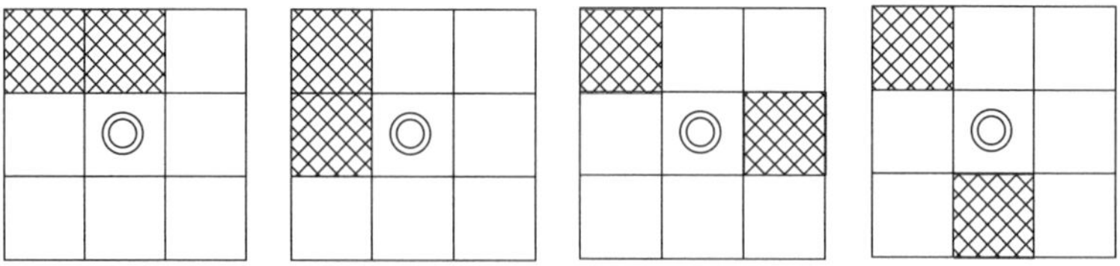

下の ▢ にあてはまる数を答えなさい。

(1) 大きな正方形の模様は，9枚のうち◎以外の8枚の白い板を1枚も取り
かえないときは1通り，1枚取りかえたときは ▢ ア 通り，3枚取りか
えたときは ▢ イ 通り，4枚取りかえたときは ▢ ウ 通りになります。

(2) 同じように5枚，6枚，… と取りかえるときも考えます。図2の場合
もふくめると大きな正方形の模様は全部で ▢ エ 通りになります。

筑駒中　開成中　麻布中　桜蔭中　女子学院中

解説②

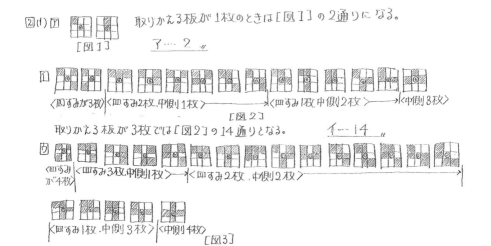

② (1) ア　取りかえる板が1枚のときは〔図1〕の2通りになる。

〔図1〕　ア…2

イ

〈四すみが3枚〉〈四すみ2枚,中側1枚〉————〈四すみ1枚,中側2枚〉→〈中側3枚〉

〔図2〕

取りかえる板が3枚では〔図2〕の14通りとなる。　イ…14

ウ

〈四すみが4枚〉〈四すみ3枚,中側1枚〉→〈四すみ2枚,中側2枚〉

〈四すみ1枚,中側3枚〉〈中側4枚〉

〔図3〕

取りかえる板が4枚では〔図3〕の20通りとなる。　ウ…20

(2) 取りかえた板の枚数は0枚から8枚の8通りで, 0枚は8枚と, 1枚は7枚と, 2枚は6枚と, 3枚は5枚と, それぞれの模様の白と黒が入れかわった形となるため, 組み合わせの数は同じとなる。それを表にまとめると〔図4〕のようになる。

取りかえる枚数	0	1	2	3	4	5	6	7	8
模様の数	1	2	8	14	20	14	8	2	1

〔図4〕

全ての模様の数をたすと, 1+2+8+14+20+14+8+2+1=70(通り)　エ…70

3 底面が1辺35cmの正方形で，高さが150cmの直方体の
容器の中に1辺10cmの立方体12個を下から何個かずつ積
みます。立方体を積むときは，図のように上と下の立方体
の面と面，同じ段でとなり合う立方体の面と面をそれぞれ
ぴったり重ね，すきまなく，横にはみ出さないようにしま
す。

積んだあと，この容器に一定の速さで水を入れていきます。
立方体は水を入れても動きません。積んだ立方体の一番上
の面まで水が入ると水は止まります。下の表は右の図の場
合の立方体の積み方を表していて，このとき水を入れはじ
めてからの時間と水面の高さの関係は下のグラフのように
なりました。

表

1段目	2段目	3段目	4段目	5段目	6段目	7段目	8段目
2	2	2	2	2	1	1	0

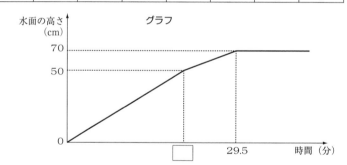

(1) 毎分何cm³の水を入れていますか。

(2) グラフの □ にあてはまる数を求めなさい。

(3) 立方体の積み方を変えてもっとも短い時間で水が止まるようにします。
そのときにかかる時間は何分ですか。また，その場合の立方体の積み
方をすべてかきなさい。
解答らんは全部使うとは限りません。

(4) 水が止まるまでの時間が19.7分になる場合の立方体の積み方のうち，1
段目の個数が多いほうから4番目のものをすべてかきなさい。解答ら
んは全部使うとは限りません。

解説 ③

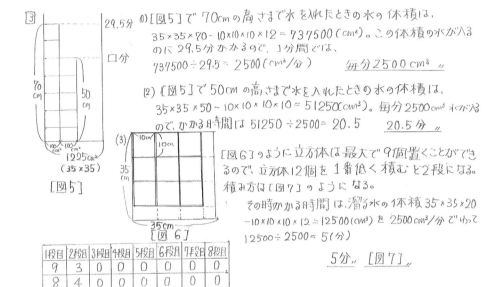

③

29.5分

口分

70cm

50cm

100cm² (100cm²)
1225cm²
(35×35)

[図5]

(1)[図5]で 70cmの高さまで水を入れたときの水の体積は、
35×35×70 − 10×10×10×12 = 737500 (cm³)。この体積の水が入る
のに 29.5分かかるので、1分間では、
737500÷29.5 = 2500 (cm³/分)　　　**毎分2500cm³**

(2)[図5]で 50cmの高さまで水を入れたときの水の体積は、
35×35×50 − 10×10×10×10 = 512500 (cm³)。毎分2500cm³ 水が入る
ので、かかる時間は 512500÷2500 = 20.5　　　**20.5分**

(3)
10cm
10cm
35cm
35cm
[図6]

[図6]のように立方体は最大で9個置くことができ
るので、立方体12個を1番低く積むと2段になる。
積み方は[図7]のようになる。
その時かかる時間は、溜る水の1体積 35×35×20
−10×10×10×12 = 12500 (cm³) を 2500cm³/分 でわって
12500÷2500 = 5(分)

5分　[図7]

1段目	2段目	3段目	4段目	5段目	6段目	7段目	8段目
9	3	0	0	0	0	0	0
8	4	0	0	0	0	0	0
7	5	0	0	0	0	0	0
6	6	0	0	0	0	0	0

[図7]

(4) 19.7分間に水の入る量は 19.7×2500 = 49250 (cm³) で、これに立方体12個分たした
体積が、密積の水面までの体積となる。よって高さは底面積で割れば良いので、
(49250 + 10×10×10×12) ÷ (35×35) = 50 (cm)。5段まで積んでいることになるので、
その積み方を[図8]に示す。よって答えは、4番目の3行分で[図9]のようになる。

	1段目	2段目	3段目	4段目	5段目	6段目	7段目	8段目
1番目	8	1	1	1	1	0	0	0
2番目	7	2	1	1	1	0	0	0
3番目	6	3	1	1	1	0	0	0
	6	2	2	1	1	0	0	0
4番目	5	4	1	1	1	0	0	0
	5	3	2	1	1	0	0	0
	5	2	2	2	1	0	0	0
	4	4	2	1	1	0	0	0

[図8]

1段目	2段目	3段目	4段目	5段目	6段目	7段目	8段目
5	4	1	1	1	0	0	0
5	3	2	1	1	0	0	0
5	2	2	2	1	0	0	0

[図9]

答えは[図9]

4 円周率は，3.14 を使って計算することが多いです。しかし本当は 3.14159265…とどこまでも続いて終わりのない数です。この問題では，円周率を 3.1 として計算してください。

図のように点 O を中心とした半径の異なる 2 つの円の周上に道があります。
A さんは内側の道を地点 a から反時計回りに，B さんは外側の道を地点 b から時計回りに，どちらも分速 50m の速さで同時に進みはじめます。
A さんと B さんのいる位置を結ぶ直線が点 O を通るときに，ベルが鳴ります。ただし，出発のときはベルは鳴りません。

(1) A さんと B さんが道を 1 周するのにかかる時間はそれぞれ何分ですか。

(2) 1 回目と 2 回目にベルが鳴るのは，それぞれ出発してから何分後ですか。

(3) 出発してから何分かたったあと，2 人とも歩く速さを分速 70m に同時に変えたところ，5 回目にベルが鳴るのは速さを変えなかったときと比べて 1 分早くなりました。
速さを変えたのは，出発してから何分後ですか。

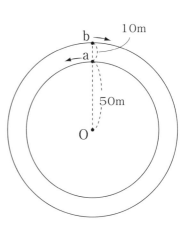

解説④

④(1)

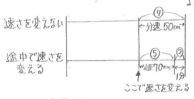

［図10］

Aさん： $\underbrace{50 \times 2 \times 3.1}_{1周の道のり} \div \underbrace{50}_{分速} = 6.2（分）$

Bさん： $\underbrace{60 \times 2 \times 3.1}_{1周の道のり} \div \underbrace{50}_{分速} = 7.44（分）$ 　　Aさん 6.2分、Bさん7.44分 //

(2) Aさん、Bさんは1周=360度をそれぞれ6.2分と7.44分かかるので、1分間に進む角度は、

Aさん： $360 \div 6.2 = \dfrac{1800}{31}（度）$

Bさん： $360 \div 7.44 = \dfrac{1500}{31}（度）$

1回目にベルが鳴るのはAさんとBさんが、Oをはさんで反対側にいるときなので、
角AOB = 180度のときである。　よって1回目と2回目に鳴る時間は、

1回目 … $180 \div \left(\dfrac{1800}{31} + \dfrac{1500}{31}\right) = 1\dfrac{38}{55}$

2回目 … $360 \div \left(\dfrac{1800}{31} + \dfrac{1500}{31}\right) = 3\dfrac{21}{55}$ 　　1回目 $1\dfrac{38}{55}$分後、2回目 $3\dfrac{21}{55}$分後 //

(3)

	50m/分	70m/分
速さ	7	: 5
時間	⑤	: ⑦

［図11］

［図11］のように時間は速さの逆比となるので速さを
変えてからかかった時間と、同じ距離を速さを変えないで
進んだ時にかかった時の比は、⑤：⑦で、この差が1分
になるので⑦−⑤=②=1分。よって①=$\dfrac{1}{2}$分、⑦=$3\dfrac{1}{2}$分。

もしし速さを変えないで5回目にベルが鳴るとすると、出発から $1\dfrac{38}{55} \times 5 = 8\dfrac{5}{11}$（分後）
よって速さを変えるまでの時間は

$8\dfrac{5}{11} - 3\dfrac{1}{2} = 4\dfrac{21}{22}$（分）　　　$4\dfrac{21}{22}$分後 //

（［図12］参照）

速さを変えない

途中で速さを
変える

分速50cm

分速70m/分

ここで速さを変える

［図12］

2020 年度 桜蔭中学校

【解答上の注意】

答えはすべて解答用紙に書きなさい。

円周率を用いるときは，3.14 としなさい。

三角すいの体積は（底面積）×（高さ）× $\frac{1}{3}$ で求めることができます。

---

1 次の□にあてはまる数を答えなさい。

(1) $1\frac{11}{54} - \left\{ \left(1.875 - \frac{5}{12} \right) \times \boxed{\ ア\ } \right\} \times 3 = \frac{25}{27}$

(2) 花子さんはお母さんと弟といっしょにお菓子を買いに行きました。花子さんと弟は同じお菓子をそれぞれ 12 個ずつ買うことにしました。花子さんはそのうちのいくつかを持ち帰り，残りをお店で食べることにしました。弟は花子さんがお店で食べる個数と同じ個数のお菓子を持ち帰り，残りをお店で食べることにしました。2 人分のお菓子の代金をお母さんがまとめて支払うため税込みの金額を計算してもらうと，ぴったり 1308 円でした。このお菓子 1 個の税抜きの値段は $\boxed{\ イ\ }$ 円です。ただし，消費税はお店で食べるお菓子には 10%，持ち帰るお菓子には 8% かかります。

(3) まっすぐな道に柱を立ててロープを張り，そこにちょうちんをつるします。柱と柱の間は 5m50cm で，ちょうちんとちょうちんの間は 1m35cm です。1 本目の柱から 35cm 離れたところに 1 個目のちょうちんをつるしました。ロープはたるまないものとし柱の幅は考えません。柱を 10 本立てて，ちょうちんをつるしました。

①　ちょうちんは全部で $\boxed{\ ウ\ }$ 個使いました。また 10 本目の柱に 1 番近いちょうちんはその柱から $\boxed{\ エ\ }$ cm のところにつるしましました。

②　柱から 35cm 以内の部分につるしたちょうちんは，とりはずすことにしました。ただし 1 個目のちょうちんはとりはずしません。このとき，つるされたまま残っているちょうちんは $\boxed{\ オ\ }$ 個です。

解説 ①

① (1) $1\frac{11}{54} - \left\{ \left(1.875 - \frac{5}{12} \right) \times \boxed{ア} \right\} \times 3 = \frac{25}{27}$

$\left\{ \left(\frac{1875}{1000}^{15}_{8} - \frac{5}{12} \right) \times \boxed{ア} \right\} \times 3 = \frac{65}{54} - \frac{25}{27} = \frac{5}{18}$

$\frac{35}{24} \times \boxed{ア} = \frac{5}{18} \div 3 = \frac{5}{54}$

$\boxed{ア} = \frac{5}{54} \div \frac{35}{24} = \frac{4}{63}$　　　　ア … $\frac{4}{63}$ 〃

(2)

花子さんのお店で食べたお菓子の数と弟の持ち帰ったお菓子の数は
等しいので、花子さんと弟を合わせると、お店で食べた数も持ち帰った数も共に
12個ずつとなる。税抜きの値段を①とすると
① × 1.1 × 12個 + ① × 1.08 × 12個 = 1308円。
(① × 1.1 + ① × 1.08) × 12個 = 1308。両辺を12で割って、
① × 1.1 + ① × 1.08 = 1308 ÷ 12 = 109
① × (1.1 + 1.08) = 109
① × 2.18 = 109　　① = 109 ÷ 2.18 = 50 (円)　　イ … 50 〃

［図 1］

(3)① 1本目から10本目までの距離は　550cm × (10-1) = 4950cm。この距離から初めの
間隔の35cmを引き、ちょうちんの間隔で割ると、(4950 - 35) ÷ 135 = 36 あまり 55 で、間の
数は 36 こで 55cm あまる。よって ちょうちんの数は 36 + 1 = 37 (個)。10本目からの距離は 55cm。
ウ … 37 、 エ … 55 〃

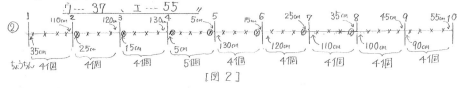

［図 2］

550 ÷ 135 = 4 あまり 10 なので 柱と柱の間にちょうちんが 4+1 = 5 (個) 入った場所は、両サイドに合計
10cmのあまりができる。また ちょうちん4個のときは、10 + 135 = 145 (cm)で 両サイドに 145cm のあまり
ができる。よって、それぞれの柱の間にいくつのちょうちんが入り、柱から何cmあるかを みていくと、
2本目の柱の左側は 145 - 35 = 110 (cm)。右側は 135 - 110 = 25 (cm)
3本目の柱の左側は 145 - 25 = 120 (cm)。右側は 135 - 120 = 15 (cm)
4本目の柱の左側は 145 - 15 = 130 (cm)。右側は 135 - 130 = 5 (cm)。4~5本目はちょうちんが5個
5本目の柱の左側は 10 - 5 = 5 (cm)。右側は 135 - 5 = 130 (cm)
6本目の柱の左側は 145 - 130 = 15 (cm)。右側は 135 - 15 = 120 (cm)
7本目の柱の左側は 145 - 120 = 25 (cm)。右側は 135 - 25 = 110 (cm)
8本目の柱の左側は 145 - 110 = 35 (cm)。右側は 135 - 35 = 100 (cm)
9本目の柱の左側は 145 - 100 = 45 (cm)。右側は 135 - 45 = 90 (cm)
10本目の柱の左側は 145 - 90 = 55 (cm)。
柱から 35cm 以内のちょうちんに ⊗ をつけると 7個。残るちょうちんは 37 - 7 = 30 (個)
オ … 30 〃

2

(1) 右の図のようなコースで輪をころがしな
がら進む競走をします。コースは長方形
と，半円を2つあわせた形をしています。
Aさんがころがすのは周の長さが150cm
の輪，Bさんがころがすのは周の長さが
120 cmの輪です。輪はすべることなく
ころがるものとします。

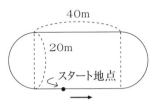

① Aさんがこのコースを1周すると輪は何回転しますか。

② AさんとBさんが図のスタート地点を矢印の向きに同時に出発しま
した。2人とも輪を1秒1回転させながら進みます。途中，Aさんは
2回，輪をコースの外にころがしてしまい，コースにもどるまでに1
回20秒かかりました。その後AさんとBさんは同時にゴールしま
した。AさんとBさんは出発してからゴールするまでにこのコース
を何周しましたか。スタート地点とゴール地点は同じとは限りませ
ん。

(2) 底面が半径3cmの円で高さが1cmの円柱の形をした白い積み木がたく
さんあります。

(a) ① この積み木を図1のように10個積み
重ねてできた円柱の体積を求めなさ
い。

② ①でできた円柱の表面に青い色をぬ
りました。青い色をぬった部分の面
積を求めなさい。

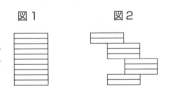

横から見た図

③ ②の積み木を図2のように少しずつずらしてくっつけました。上か
ら2番目と3番目の円柱は底面の円の面積の3分の1が重なってい
ます。上から5番目と6番目，8番目と9番目も同じずらし方です。
この立体の表面で白い部分の面積を求めなさい。

(b) あらためて新しい積み木を図3のように積み重ねます。上から1段目には1個，2段目には2個，3段目には3個のように積み重ねます。

図3の積み木「ア」と積み木「イ」，積み木「ア」と積み木「ウ」はそれぞれ底面の円の面積の3分の1が重なっています。他の部分の重ね方も同じです。

今，積み木が200個あります。

① これらの積み木を机の上で積み重ねました。何段まで積み重ねることができますか。また，積み木は何個余りますか。

② ①で積み重ねた立体の上から見えるところと，机に触れているところを赤くぬりました。赤くぬった部分の面積を求めなさい。

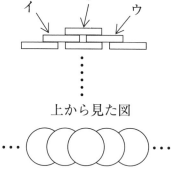

図3　横から見た図

イ　ア　ウ

上から見た図

解説②

②(1)① コースの距離は 20×3.14+40×2＝142.8（㎝）≒14280（㎝）
　　　Aさんの輪の1周は150㎝なので" 14280÷150＝ 95.2（回転）。

　　　　　　　　　　　　　　　　　　　　　　　　　95.2回転〃

② AさんとBさんの速さは秒速150㎝と秒速120㎝。比にすると5：4
　で時間の比は逆比になるので"4：5。これを〔図3〕のようにまとめる。
　Aさんは2回、コースの外へ転がしてBさんと同時に到着するので、外へ
　転がさなければ" 20秒×2回＝40秒 早くゴールする。よって時間の比の
　④：⑤ の差の⑤－④＝① が40秒である。①＝40秒、④＝160秒、
　⑤＝200秒。よってスタートからゴールまでの距離は、120㎝/秒×200秒
　＝24000㎝。1周は14280㎝なので" 24000÷14280＝1$\frac{81}{119}$（回転）

	Aさん	Bさん
速さ	5	： 4
時間	④ ： ⑤	
	160秒	200秒

〔図3〕

　　　　　　　　　　　　　　　　　　　　　　1$\frac{81}{119}$回転〃

(2)
(a)① 3×3×3.14×10 ＝ 282.6（㎝³）　　　**282.6㎝³**〃

② 3×3×3.14×2 ＋ 3×2×3.14×10 ＝（18＋60）×3.14＝244.92（㎝²）
　底面積　　　　　側面積
　　　　　　　　　　　　　　　　244.92㎝²〃

③

　〔図4〕の斜線部の面積は 3×3×3.14×$\frac{2}{3}$＝18.84（㎝²）

　〔図5〕の↑の6ヶ所となるので"
　　　18.84×6＝113.04（㎝²）

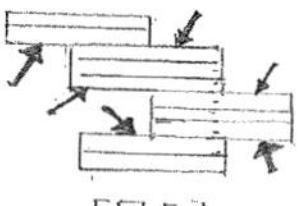

〔図5〕

　　　　　　　　　　113.04㎝²〃

(b)① 1＋2＋3＋……＋19＝（1＋19）×19÷2＝190

　1から19までたしていくと和が190となり 200個をこえない。20までたすと210で、
　オーバーしてしまう。よって19段まで積めて、余りは 200－190＝10（個）

　　　　　　　　19段 10個〃

② 赤くぬった部分は 円と、$\frac{2}{3}$の円に分けられる。

　円の数……1段目と、机に触れている所 1＋19＝20（個）

　$\frac{2}{3}$の円の数……2から19段目の上側。(19－1)×2＝36（個）

　よって面積は 3×3×3.14×20 ＋ 3×3×3.14×$\frac{2}{3}$×36 ＝（180＋216）×3.14＝1243.44

　　　　　　　　1243.44㎝²〃

3 図の直方体 ABCD-EFGH におい
て，辺 DC，HG の真ん中の点を
それぞれ M，N とします。また
MN 上に点 L があり，AD=4 cm，
DM=3 cm，ML=3 cm，AM=5
cm です。

三角形 ADM を拡大すると，三角
形 GCB にぴったり重なります。
三角形 GCB の一番短い辺は BC
です。

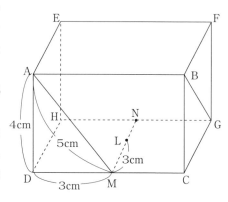

このとき次の問いに答えなさい。

(1) 次の □ にあてはまる数を答えなさい。

　　　辺 GC の長さは ア cm，BG の長さは イ cm です。

(2) 三角形 ANB，三角形 ALB，三角形 ALN，三角形 BLN で囲まれた立体
　　ALBN の体積を求めなさい。

(3) ① 三角形 ANB の面積を求めなさい。

　　 ② 立体 ALBN の表面積を求めなさい。

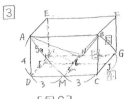

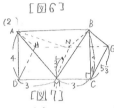

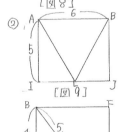

解説③

③

[図6]

[図7]

[図8]

[図9]

[図10]

[図11]

(1) 三角形GCBは三角形ADMと相似の三角形であるので、辺の比は 3:4:5。辺BCが一番短い辺であるので辺BC:辺CG:辺BG = 3:4:5 となり、BCは 4cmであるので

辺GC = 4÷3×4 = $5\frac{1}{3}$

辺BG = 4÷3×5 = $6\frac{2}{3}$

ア…$5\frac{1}{3}$　イ…$6\frac{2}{3}$　〃

(2) 頂点A、G、Hを通る平面で直方体を半分に切り、その後、面BMNと面AMNで切り取り、まずは立体AMBNの体積を求める。

$4 \times 5\frac{1}{3} \times \frac{1}{2} \times (3+3) = 64$ (cm³)…[図7]の三角柱の体積

四角すいA-DMNH = $3 \times 5\frac{1}{3} \times 4 \times \frac{1}{3} = \frac{64}{3}$ (cm³)

四角すいB-MCGN = $\frac{64}{3}$ (cm³)

よって立体AMBNは $64 - \frac{64}{3} \times 2 = 21\frac{1}{3}$ (cm³)。辺MN=辺CG=$5\frac{1}{3}$ (cm)。辺ML=3(cm)。辺LN=$5\frac{1}{3}$-3=$2\frac{1}{3}$ (cm)。よって立体ALBMの体積は、立体AMBNを $3:2\frac{2}{3}=9:7$ にわけた7にあたるので $21\frac{1}{3} \times \frac{7}{9+7} = 9\frac{1}{3}$ (cm³)

$9\frac{1}{3}$ cm³　〃

(3)① 三角形ANBは平面AHGB上にあるので[図8]のような底辺が6cm、高さが$6\frac{2}{3}$cmの三角形となるので、

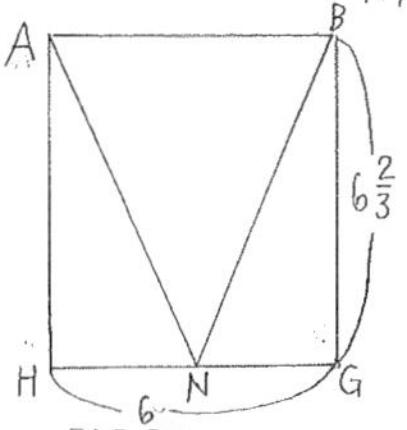

$6 \times 6\frac{2}{3} \times \frac{1}{2} = 20$ (cm²)

20cm²　〃

② [図6]のように、頂点Lから辺DCに平行な直線を引き、辺DH、辺CGとの交点をそれぞれ点I、Jとすると、三角形ALBは平面AIJB上にある。

また辺CJ=辺HL=3cm、辺BC=4cmなので、三角形BCJは三角形ADMと合同となり、辺の比は 3:4:5 となるので辺BJは 5cmとわかる。([図10])よって[図9]の辺BJは 5cmとなるので、三角形ALB=$6 \times 5 \times \frac{1}{2}$ =15(cm²)

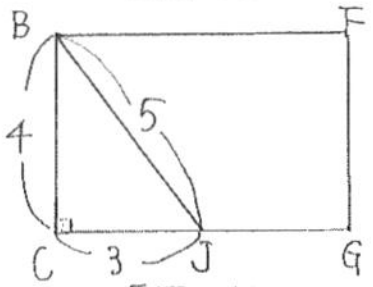

三角形ALNは平面AMN上にあり、[図11]のように底辺は$2\frac{1}{3}$cm、高さは5cmの三角形なので、$2\frac{1}{3} \times 5 \times \frac{1}{2} = 5\frac{5}{6}$ (cm²)。

三角形BLNも三角形ALNと同様に$5\frac{5}{6}$cm²である。

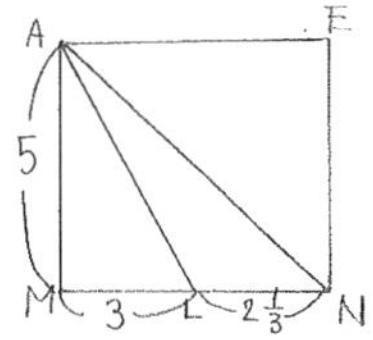

よって、立体ALBNの表面積=三角形ANB((3)①)+三角形ALB+三角形ALN+三角形BLN = $20 + 15 + 5\frac{5}{6} + 5\frac{5}{6} = 46\frac{2}{3}$。

$46\frac{2}{3}$ cm²　〃

4 　1 個 10g，20 g，60 g の球があります。

10g の球には 1 から 100 までの整数のうち，4 の倍数すべてが 1 つずつ
書いてあります。

20g の球には 1 から 100 までの整数のうち，3 で割って 1 余る数すべて
が 1 つずつ書いてあります。

60g の球には 1 から 100 までの 4 の倍数のうち，3 で割って 1 余る数す
べてが 1 つずつ書いてあります。ただし，同じ重さの球にはすべて異な
る数が書いてあります。

⑴ 60g の球に書いてある数字を分母，20g の球に書いてある数字を分子と
して分数をつくります。このときできる 1 未満の分数のうち，分母と分
子を 5 で約分できる分数の合計を求めなさい。

⑵ ① これらの球から 13 個の球を選んで，その重さの合計がちょうど
250g になるようにします。

10g の球，20 g の球，60 g の球をそれぞれ何個ずつ選べばよいです
か。考えられるすべての場合を答えなさい。ただし，選ばない重さ
の球があってもよいとします。解答らんは全部使うとは限りません。

② ①で求めた選び方の中で，60g の球の個数が 2 番目に多い選び方に
ついて考えます。

13 個の球に書かれている数の合計を 4 で割ると 2 余りました。合
計が最も大きくなるとき，その合計を求めなさい。

解説 4

4 | [10gの球] 4,8,12,16,20,24,28,32,36,40,44,48,52,56,60,64,68,72,76,80,84,88,92,96,100

[20gの球] 1,4,7,10,13,16,19,22,25,28,31,34,37,40,43,46,49,52,55,58,61,64,67,70,73,76,79,82,85,88,91,94,97,100

[60gの球] 4,16,28,40,52,64,76,88,100 （初めの数は4で、その後は3と4の公倍数である12ずつ大きくなる）。

(1) 20gと60gの数字で5で割れるものは、

20g：10,25,40,55,70,85,100

60g：40,100

これを組み合わせて $\dfrac{10}{40} + \dfrac{25}{40} + \dfrac{10}{100} + \dfrac{25}{100} + \dfrac{40}{100} + \dfrac{55}{100} + \dfrac{70}{100} + \dfrac{85}{100} = 3\dfrac{29}{40}$ $\underline{3\dfrac{29}{40}}$

(2)①

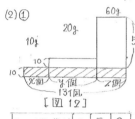

[図12]

10gと20gと60g合わせて13個、重さは250g。10gをx個、20gをy個、60gをz個として面積図を描くと[図12]のようになる。ここから斜線部分を引くと、白い部分となり、ここでつる算をする。$10×y + 50×z = 250 - 10×13 = 120$。両辺を10で割って$1×y + 5×z = 12$となる。$z$に0を入れると$y=12$となり、その後$z$が1増えるごとに$y$は5減っていくので、表にすると[図13]のようになる。また$x+y+z=13$(13個)、xも一緒に計算して表にしていく。[図13]が答えとなる。

10gの球の数(x)	1	5	9
20gの球の数(y)	12	7	2
60gの球の数(z)	0	1	2

[図13]

② 60gの球の個数が2番目に多い組み合わせは、10gが5個、20gが7個、60gが1個のときである。10gと60gの球の数は、全て4の倍数であるので、大きい数から選んでいく。20gの球の数で7個をたして4で割ったときに2余る組み合わせの中で一番大きい組み合わせになるものを考えていく。[図14]から7つ選び、4で割った余りもたして、4で割り、余りが2になる組み合わせのうち、最も大きいものは100,97,94,91,88,85,79となる。

20gの球の数	100	97	94	91	88	85	82	79	76	…
4で割った余り	0	1	2	3	0	1	2	3	0	

[図14]

よって 10gの球は 100,96,92,88,84

20gの球は 100,97,94,91,88,85,79

60gの球は 100

$100+96+92+88+84 + 100+97+94+91+88+85+79 + 100 = 1194$

$\underline{1194}$

女子学院中学校
2022 〜 2020 年度
算数の問題

2022年度 女子学院中学校

【注意】　計算は右のあいているところにしなさい。円周率は3.14として計算しなさい。

1　次の□にあてはまる数を入れなさい。

(1)　$5\frac{2}{3} \div 0.85 \times \frac{37}{4} \times \frac{17}{25} - \left(\frac{13}{15} + 5.25 \right) = $ □

(2)　0.125の逆数は□で，2.25の逆数は□です。

(3)　図のように，中心角90°のおうぎ形の中に正三角形ABCと点Oを中心とする半円があります。

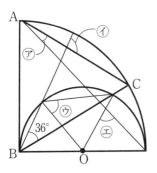

角⑦は□度

角④は□度

角⑤は□度

角㋑は□度

(4)　図のように，点Oを中心とする円の中に，1辺の長さが5cmの正方形が2つあります。影をつけた部分の面積は□cm² です。

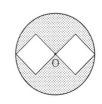

(5) 図の四角形 ABCD は正方形で，同じ印のついて
いるところは同じ長さを表します。影をつけた
部分の面積は □ cm² です。

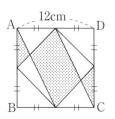

(6) J 子さんの家から駅までは 1995 m あり，J 子さんは家から駅に向かって，
父は駅から家に向かって 11 時に同時に歩きはじめました。J 子さんは途
中の公園まで分速 □ m で 4 分歩き，公園で 5 分間遊んでから，それ
までより毎分 7 m 速い速さで駅に向かいました。父は途中の店まで分速
80 m で □ 分間歩き，店に 3 分間立ち寄ってから，分速 75 m で家に
向かいました。2 人は 11 時 19 分に出会い，その 10 分 16 秒後に父は家に
着きました。

解説 ①

[1](1) $5\frac{2}{4} \div 0.85 \times \frac{37}{4} \times \frac{17}{25} - (\frac{13}{15} + 5.25) = \frac{17}{3} \div \frac{85}{100} \times \frac{37}{4} \times \frac{17}{25} - (\frac{13}{15} + \frac{525}{100})$

$= \frac{17 \times 20 \times 37 \times 17}{3 \times 17 \times 4 \times 25} - \frac{52+315}{60} = \frac{625}{15} - \frac{367}{60} = 35\frac{49}{60}$ ... $\underline{35\frac{49}{60}}$

(2) $0.125 = \frac{125}{1000} = \frac{1}{8}$ の逆数は $\underline{8}$ 。 $2.25 = \frac{225}{100} = \frac{9}{4}$ の逆数は $\underline{\frac{4}{9}}$ 。

(3)

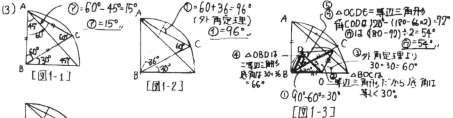

⑦=60°-45°=15°
⑦=15°

①=60+36=96°
(外角定理より)
①=96°

⑤ △OCDは正三角形
角CODは 120-(180-66×2)=72°
⑦は (180-72)÷2=54°
⑦=54°
② △OBDは二等辺三角形底角は 30+36 B =66°
⑦外角定理より 30+30=60°
O 正三角形 △BOCは一等辺三角形だから底角は等しく30°
① 90°-60°=30°
[図1-3]

④ 180-(45+60)=75°
①=75°
[図1-4]

(4)

[図2]

円の半径を a とすると 1つの正方形の面積は a×a÷2=5×5=25なので
a×a=25×2=50。よって円の面積は a×a×3.14=50×3.14=157(cm²)
正方形2つ分は 5×5×2=50(cm²)。影をつけた部分の面積は
157-50=107(cm²) ... $\underline{107cm^2}$

(5)

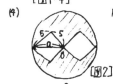

[図3]

[図3]のように辺ABの中点をM.辺BCの中点をNとする。また斜線
部分を辺MNで2つに分けて[図3]のようにそれぞれ⑦と①の部分に分ける。
⑦の面積:△MANの面積=6×12÷2=36(cm²)
⑦の面積=36×$\frac{2}{3}$=24(cm²)
①の面積:△AOMの面積=6×6÷2=18(cm²)
①の面積=18×$\frac{1}{3}$=6(cm²)
よって影をつけた部分(斜線部分)の面積=(⑦+①)×2=(24+6)×2=60(cm²)

(6)

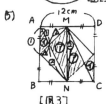

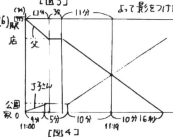

[図4]

J子さんと父は出発してから19分後に出会い、父は出発して
から29分16秒後に家についた。よって父は店に立ち寄った3分を
のぞくと(29分16秒-3分)26分16秒間で1995mを歩く。
よってつるかめ算を用いて
$(1995 - 75 \times 26\frac{16}{60}) \div (80-75) = 5$(分)

|←1995m→| 75m/分
26$\frac{16}{60}$分

を80m/分で歩く。
父がJ子さんに出会うまでに 80m/分×5分+75m/分×11分
=1225(m)進むのでJ子さんは父に出会うまでに1995-1225=770(m)進む。J子さんは出発して
4分間を□m/分で進み、10分間を(□+7)m/分で進むので 4×□+10×(□+7)=770となる。
よって4×□+10×□+70=770。 14×□=700。 □=700÷14=50(m/分)
J子さんは公園まで分速50mで歩いた。 父は公園まで分速80mで5分間歩く。

2, 3, 4の各問いについて□にあてはまるものを入れなさい。

2 A, Bを整数として, A以上B未満の素数の個数をA★Bで表すとします。

(1) $10 ★ 50 = $ □

(2) $(20 ★ A) × (A ★ B) × (B ★ 50) = 9$ となる A, B の組のうち A

とBの和が最も大きくなるのは A = □ , B = □ のときです。

解説②

②(1) 10以上50未満の素数は 11、13、17、19、23、29、31、37、41、43、47の11個。 <u>11</u>

(2) 3つの数をかけて9になる組み合わせは下の表の通り6通りになる。

$(20 ★ A) × (A ★ B) × (B ★ 50) = 9$

ⅰ)	9	1	1
ⅱ)	1	9	1
ⅲ)	1	1	9
ⅳ)	3	3	1
ⅴ)	3	1	3
ⅵ)	1	3	3

$(20 ★ A) × (A ★ B) × (B ★ 50)$ を見ると
$20 < A < B < 50$ であることがわかる。この条件内で
ⅰ)〜ⅵ)を場合分けして考え、最も大きくなるA+Bを求める。
ⅰ)の場合：20以上A未満の素数が9個
23、29、31、37、41、43、47、53、59 で A>50となる
ので不適当。

ⅱ)の場合：20以上A未満が1個。素数は23でAは 23<A≦29。
A以上B未満が9個。素数は 29、31、37、41、43、47、53、59、61でB>50となる
ので不適当。

ⅲ)の場合：20以上A未満が1個。素数は23でAは23<A≦29。
A以上B未満が1個。素数は29でBは 29<B≦31。
B以上50未満が9個。素数は 31、37、41、43、47、53、59、61、67 で50を越えて
しまうので不適当。

ⅳ)の場合：20以上A未満が3個。素数は 23、29、31でAは 31<A≦37。
A以上B未満が3個。素数は 37、41、43で Bは 43<B≦47。
B以上50未満が11個。素数は 47で 20<A<B<50 にあてはまるので成立する。

ⅴ)の場合：20以上A未満が3個。素数は 23、29、31でAは 31<A≦37。
A以上B未満が1個。素数は 37でBは 37<B≦41。
B以上50未満が3個。素数は 41、43、47で20<A<B<50にあてはまるので成立する。

ⅵ)の場合：20以上A未満が1個。素数は 23でAは 23<A≦29。
A以上B未満が3個。素数は 29、31、37で Bは 29<B≦41。
B以上50未満が3個。素数は 41、43、47で20<A<B<50にあてはまるので成立する。

成立するのはⅳ)ⅴ)ⅵ)の場合でその中でA+Bが最も大きくなるのは
ⅳ)は 37+47=84 ⅴ)は 37+41=78 ⅵ)は 29+41=70 となり、
ⅳ)の <u>A=37、B=47</u>のときである。

3 図のような的に矢を 3 回射って，そのうち高い 2 回の点数の平均を最終
得点とするゲームがあります。J 子，G 子，K 子がこのゲームをしたと
ころ，次のようになりました。

・的を外した人はいませんでした。
・3 回のうち 2 回以上同じ点数を取った人は
いませんでした。
・K 子の 1 回目の点数は 1 点でした。
・3 人それぞれの最も低い点数は，すべて異
なっていました。
・最終得点は，J 子の方が G 子よりも 1 点高
くなりました。
・3 人の最終得点の平均は 4 点でした。

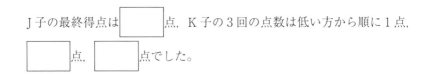

J 子の最終得点は ▢ 点，K 子の 3 回の点数は低い方から順に 1 点，
▢ 点，▢ 点でした。

4 J 子さんは正八角柱（底
面が正八角形である角
柱）を辺にそって切り開
いて，展開図を作ろうと
しましたが，誤って右の
図のように長方形Ⓐだけ
切り離してしまいまし
た。正しい展開図にする
には長方形Ⓐの辺をどこ
につけたらよいですか。

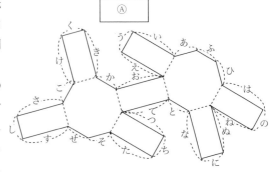

辺「あ」～「ふ」の中からすべて答えると

[　　　　　　　]です。

角柱を切り開いて展開図を作るとき，いくつの辺を切ればよいか，
まず，三角柱の場合について考えてみます。

図1のように面をすべて切り離すと，すべての面の辺の

数の和は[　　　]です。

そのうち[　　　]組の辺をつけると図2のような展開図

ができます。

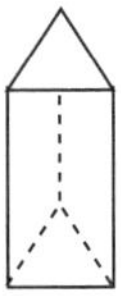

立体の1つの辺を切るごとに，他の面
とついていない辺が2つできるので，
三角柱の場合は展開図を作るときに切

る辺の数は[　　　]です。

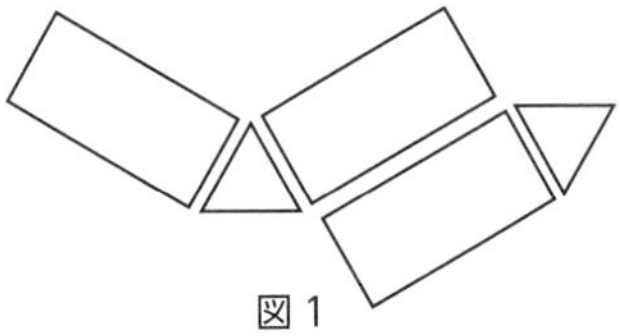

同じように考えると八角柱の場合は

切る辺の数は[　　　]で，

三十角柱の場合は切る辺の数は

[　　　]です。

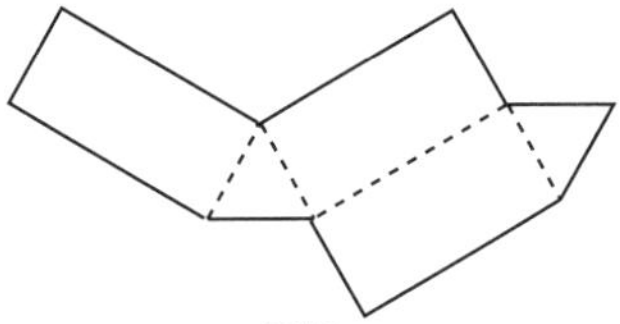

図1

図2

解説③④

③

	最低点	中間点	最高点	最終得点
J	3	4	5	□+1(点)
G	2			□(点)
K	1			〇(点)

結果を表にすると、K子の最低点は1点で最低点は3人とも異なり、最終得点は J子の方がG子よりも1点高いので、最低点は K子が1点、J子が3点、G子が2点となる。
また、3人の最終得点の平均点は4点なので合計点は12点。
よって □+1+□+〇＝12(点)。

J子は最低点が3点で3回とも異なる得点なのでJ子の3回の得点は、3点、4点、5点となる。
よってJ子の最終得点は (4+5)÷2＝4.5(点)。　4.5点〟
G子は最終得点は4.5-1＝3.5(点)。
よってK子の最終得点は 12-(4.5+3.5)＝4(点)。よって K子の中間点と最高点の合計は
4×2＝8点であるので、2以上5以下で、2つ合わせて8となる組み合わせは、3点と5点になる。

3点、5点〟

④

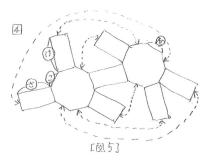

[図5]

展開図を組み立てると底面の正八角形のそれぞれの辺に長方形の短い辺がつくので[図5]の展開図で、それぞれペアをつくり足りない所を探していく。すると「こ」と「ふ」の辺にペアがいない。
立体を展開するとき、面にある辺のどの辺をつけることができるので長方形の長辺をつけた場合は「け」と「さ」の辺になる。よって け、こ、さ、ふ が答えとなる。

次に角柱を切り開いて展開図を作るとき、いくつの辺を切ればよいかを表を作って考えていく。

	平面の数	展開図にしたときにつながっている辺の数	切り離したときの全ての辺の数	切る辺の数
三角柱	3+2＝⑤	⑤-1＝④	③×2+③×4＝⑱	18÷2-4＝5
四角柱	4+2＝6	6-1＝5	4×2+4×4＝24	24÷2-5＝7
五角柱	5+2＝7	7-1＝6	5×2+5×4＝30	30÷2-6＝9
⋮	⋮	⋮		
八角柱	8+2＝10	10-1＝9	8×2+8×4＝48	48÷2-9＝15
⋮				
三十角柱	30+2＝32	32-1＝31	30×2+30×4＝180	180÷2-31＝59

よって 18、4、5、15、59〟

筑駒中　開成中　麻布中　桜蔭中　女子学院中

5　正四角柱（底面が正方形である角柱）の形をしたふたのない容器3つを
図1のように組み合わせた水そうがあります。この水そうを上から見る
と図2のようになり，㋐の部分の真上から一定の割合で水を注ぎました。
グラフは，水を注ぎ始めてからの時間（分）と㋐の部分の水面の高さ(cm)
の関係を表しています。

グラフのDが表す時間の後は，水そうの底から毎分0.8Lの割合で排水
しました。ただし，図2で同じ印のついているところは同じ長さを表し，
3つの容器の厚みは考えません。

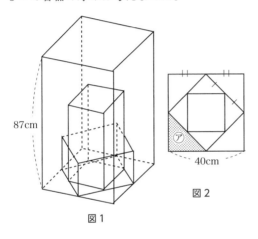

87cm

40cm

図2

図1

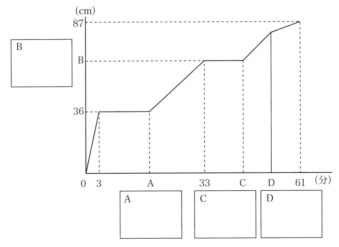

(cm)

87

B

B

36

A

33

C

D

61　(分)

B

A

C

D

0　3

⑴　水は毎分何 L の割合で注がれていたか求めなさい。
　　式

　　　　　　　　　　　　　　　　　　　　　　　答え　　　　L

⑵　グラフの A，B，C，D にあてはまる数を □ に入れなさい。

解説⑤

⑤

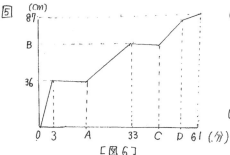

[図6]

40cm
[図7]

(1) 水の注水れる量は 0分から3分のグラフで
計算できる。3分間で 36 cm。底面積は
⑦の部分なので 20×20÷2=200(cm²)。
200×36÷100÷3 = 2.4(L/分)
<u>毎分2.4ℓ</u>

(2) A：3分からA分までに入る水の量は底面積
は[図7]の斜線部分で、高さは36cmなので
(200×3+100×4)×36÷1000 ≒ 36(L)
36÷2.4 + 3 = 18(分) よってAは <u>18</u>

B：Bの高さは3つの正四角柱のうち2番目に高い容器の高さで、そこまで
達するのに33分かかっているので、(33×2.4×1000)÷(40×10×3/4)
≒ 66(cm)。Bは <u>66</u>
　　　　　　↑水の量　　　　　　　↑底面積

C：33分からC分までの時間は 2番目に高い容器にいっぱいになるまで
水が入るのにかかる時間なので 40×40÷2÷2=400(cm²) で高さは66cm。
400×66÷1000 ÷ 2.4 = 11(分) よってC = 11 + 33=44(分)。Cは <u>44</u>

D：C=44分から61分の17分間に 水が溜まった量は、(87-66)×40×40÷1000 = 33.6(L)。
水は初め、毎分2.4ℓで溜まるが、途中から2.4-0.8=1.6(L/分)になるのでつるかめ算で
求める。(33.6-1.6×17)÷(2.4-1.6)=8(分)。よってC=44分から8分間は毎分
2.4Lで水が溜まるので D=44+8=52(分)。 Dは <u>52</u>

6 次の□にあてはまる数を入れなさい。

A，B，C の 3 台の機械は，それぞれ常に一定の速さで作業をします。B と C の作業の速さの比は 5：4 です。

ある日，A，B，C で別々に，それぞれ同じ量の作業をしました。3 台同時に作業を始め B が $\frac{1}{4}$ を終えた 6 分後に A が $\frac{1}{4}$ を終えて，A が $\frac{2}{3}$ を終えた 12 分後に C が $\frac{2}{3}$ を終えました。作業にかかった時間は，

A が □ 時間 □ 分，B □ 時間 □ 分でした。

次の日，前日に 3 台で行ったすべての量の作業を A，B の 2 台でしました。

2 台同時に作業を始めてから □ 時間 □ 分 □ 秒ですべての作業が終わりました。

解説 6

6 (作業量)

6分×4=24分 12分×$\frac{3}{2}$=18分

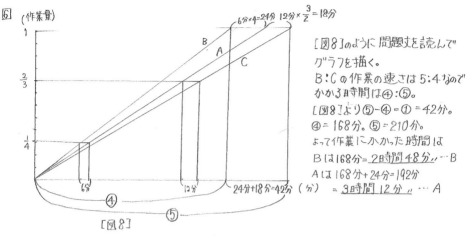

[図8]

[図8]のように問題文を読んで
グラフを描く。
B:Cの作業の速さは5:4なので
かかる時間は④:⑤。
[図8]より⑤-④=①=42分。
④=168分。⑤=210分。
よって作業にかかった時間は
Bは168分=2時間48分 …B
Aは168分+24分=192分
　=3時間12分 …A

以上により作業の速さの比はA:B= $\frac{1}{192}$: $\frac{1}{168}$ =⑦:⑧。
1分間に行う作業の量をAは⑦、Bは⑧とすると、日作日、それぞれが行った作業量は、
⑦×192分=1344。
A、B、Cの3人の作業量を合計すると1344×3=4032となり、この量を今日はAとBの2人で
作業するので4032÷(⑦+⑧)=268$\frac{4}{5}$(分)=4時間28分48秒

Aは3時間12分、Bは2時間48分、　AB2台では4時間28分48秒

2021 年度 女子学院中学校

【注意】　計算は右のあいているところにしなさい。
　　　　円周率は 3.14 として計算しなさい。

1 　次の □ にあてはまる数を入れなさい。

(1) $7\frac{2}{5} \div 2.4 \times \frac{3}{4} - \left(4.66 - 3\frac{3}{25}\right) \div \frac{7}{6} = $ ☐

(2) $2 \div \left(1\frac{2}{5} + 0.3\right) = \dfrac{ア}{あ - 33}$ 　　　あにあてはまる数は ☐

(3) 図の四角形 ABCD は正方形で，曲線は点 C を中心とする円の一部です。

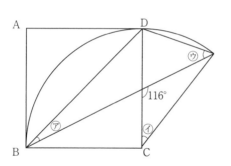

角⑦は ☐ 度

角⑦は ☐ 度

角⑦は ☐ 度

(4) 原価 ☐ 円の品物に，A 店では 1 割の利益を見込んで定価をつけ，特売日に定価の 20％引きにしました。B 店では 1620 円の利益を見込んで定価をつけ，特売日に定価の 30％引きにしたところ，A 店の特売日の価格より 180 円安くなりました。

(5) 白と黒の石を左から1列に並べていきます。

　　[1]　図1のように並べて，最後に黒い石を
　　　　置いたら，白い石だけが24個余りま
　　　　した。

図1

○○●●○○●●・・・

　　[2]　図2のように並べて，最後に黒い石を
　　　　置いたら，黒い石だけが30個余りま
　　　　した。

図2

●○○○●○○・・・

　　　　[1] から，白い石は黒い石より □ 個または □ 個多いこと

　　　が分かり，[2] から，白い石の数は，黒い石の数から □ を引

　　　いた数の2倍であることが分かります。これらのことから，白い石

　　　の数は □ 個または □ 個です。

(6) 図のように2つの長方形を重ねてできた図形が
　　あります。
　　AB : BC = 11 : 4 で，CD : DE = 1 : 3 です。
　　重なった部分の面積が14.2cm² であるとき，
　　太線で囲まれた図形の面積は □ cm² です。

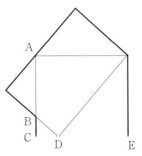

解説 ①

① (1) $7\frac{2}{5} \div 2.4 \times \frac{3}{4} - (4.66 - 3\frac{3}{25}) \div \frac{7}{6} = \frac{37}{5} \times \frac{10}{24} \times \frac{3}{4} - (4.66 - 3.12) \times \frac{6}{7}$

$= \frac{37}{16} - \frac{157}{100} \times \frac{6}{7} = \frac{37}{16} - \frac{33}{25} = \frac{397}{400}$ … $\underline{\underline{\frac{397}{400}}}$

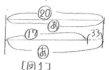

(2) $2 \div (1\frac{2}{5} + 0.3) = \frac{20}{17} = \frac{ⓐ}{ⓐ - 33}$

よってⓐ：(ⓐ-33)＝20：17となり[図1]のように表わすことができる。よって⑳－⑰＝③＝33。

①＝11。⑳＝11×20＝220 …ⓐ

$\underline{\underline{220}}$

(3) ㋐：角BDC＝45°(直角二等辺三角形より)なので㋐＝180－(116＋45)＝19(度)

㋑：角CBD＝45°－19°＝26°＝角CEB(二等辺三角形)。よって角BCEは
180－26×2＝128°。㋑＝128°－90°＝38(度)

㋒：三角形CDEは二等辺三角形なので、角CEDは(180－38)÷2
＝71°。㋒＝71°－26°＝45(度) ㋐19度 ㋑38度 ㋒45度

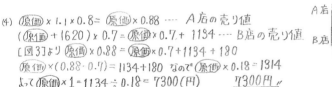

[図2]

(4) 原価×1.1×0.8＝原価×0.88 … A店の売り値
(原価＋1620)×0.7＝原価×0.7＋1134 … B店の売り値
[図3]より原価×0.88＝原価×0.7＋1134＋180
原価×(0.88－0.7)＝1134＋180 なので原価×0.18＝1314
よって原価×1＝1134÷0.18＝7300(円)　$\underline{\underline{7300円}}$

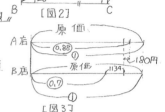

[図3]

(5)[1]最後に黒い石を置くということは[図4]の①②の2通りが考えられる。
①は白＝黒なので白い石は黒い石より 241個多い。
②は白＝黒＋1なので白い石は黒い石より(24＋1＝)25個多い。
[2]最後に黒い石を置くので置いてある3石は、白：黒＝2：1より黒い石が
11個多く、全体では、30＋1＝31(個)多い。
よって①では[図6]より①＝24＋31＝55。白い石の数は②なので
55×2＝110(個)　$\underline{\underline{110個}}$
②では①＝25＋31＝56(個)。①と同様に 56×2＝112(個)　112個

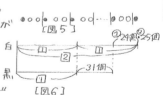

[図4]

[図5]

[図6]

(6)
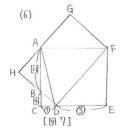
[図7]

[図7]のように頂点にF〜Hの記号をつける。
長方形ACEFの面積を①とすると
三角形FDE＝$\frac{1}{2} \times \frac{3}{1+3} = \frac{3}{8}$
三角形BCD＝$\frac{1}{2} \times \frac{4}{1+4} \times \frac{1}{1+3} = \frac{1}{30}$。よって四角形ABDFは $1 - (\frac{3}{8} + \frac{1}{30}) = \frac{71}{120}$
$\frac{71}{120} = 14.2$cm²　①＝$14.2 \div \frac{71}{120} = 24$(cm²) … 四角形ABDF
次に点AとDを直線で結ぶと三角形ADFは長方形ABDFの半分の
大きさであり、また、長方形HDFGの半分でもあるので、
長方形ACEF＝長方形HDFG＝24cm²。
よって太線で囲まれた面積は 24＋24－14.2＝33.8(cm²)

$\underline{\underline{33.8cm²}}$

2, 3, 4 (1)の各問いについて□にあてはまる数を入れなさい。

2　2つの整数㋐と㋑の最大公約数は 48 で，和は 384 です。㋐が㋑より大きいとき，㋐にあてはまる数をすべて求めると，□□□□□□□です。

3　ある店でケーキの箱づめ作業をしています。はじめにいくつかケーキがあり，作業を始めると，1分あたり，はじめにあったケーキの数の 5% の割合でケーキが追加されます。3 人で作業をすると 20 分でケーキがなくなり，4 人で作業をすると□□□分でケーキがなくなります。また，3 人で作業を始めてから□□□分後に 4 人に増やすとケーキは 16 分でなくなります。どの人も作業をする速さは同じです。

解説②③

②　整数⑥と⑥の最大公約数が48であるので[図8]のように表すことができる。

48) ⑥　⑥
　　　ア　イ
[図8]

また⑥+⑥＝384である。[図8]より⑥＝48×ア、⑥＝48×イを最初の式にあてはめると　48×ア+48×イ＝384。
式を変形して48×(ア+イ)＝384。ここで384＝48×8なので、
ア+イ＝8（ア>イ）となる。よって（ア,イ)の組み合わせは、(7,1)、(6,2)、
(5,3)が考えられるが、アとイは公約数を持たないので、(6,2)は不適当。
よって(ア,イ)＝(7,1)、(5,3)となり、⑥は7×48＝336と5×48＝240となる。

<u>336と240</u> 〃

③　ニュートン算なので線分図を描いて解く。はじめにあったケーキを①とする。

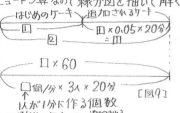

はじめのケーキ　追加されるケーキ
[図9]
1人が1分に作る個数

①×0.05×20＝①。①×3×20＝①×60
→ よって ② ＝ ①×60
① ＝ $\frac{1}{30}$ と表わすことができる。

次に4人で作業したとき○分でケーキがなくなるとすると、

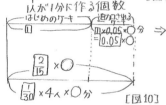

はじめのケーキ　追加される
[図10]

① ＝ $\frac{2}{15}$×○ － $\boxed{0.05}$×○ ＝ $\frac{1}{12}$×○
① ＝ $\frac{1}{12}$×○。 ○＝1÷$\frac{1}{12}$＝12(分)
4人で作業すると<u>12分</u>〃でなくなる。

3人で作業を始めてから○分後に4人に増やすとケーキが16分でなくなるとき。

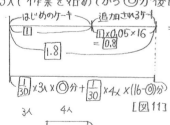

はじめのケーキ　追加される3ケーキ
[図11]
3人　　4人

① ＝ ①×0.05×16＝$\boxed{0.8}$
$\frac{1}{30}$×3×◎+$\frac{1}{30}$×4×(16-◎)＝$\frac{1}{10}$×◎+$\frac{2}{15}$×(16-◎)

◎分はつるかめ算で解くことができる。[図12]
$\left(\frac{2}{15}×16-1.8\right)÷\left(\frac{2}{15}-\frac{1}{10}\right)$＝10(分後)…◎分後
3人で作業を始めてから<u>10分後</u>〃に4人に増やす。

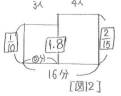

$\frac{1}{10}$　1.8　$\frac{2}{15}$
◎分
16分
[図12]

4 円周率は 3.14 として，計算しなさい。

(1) 底面が半径 6 cm の円で，高さが 5 cm の円柱の側面の面積は □ cm² です。

(2) 図のように，(1)の円柱の形をした容器 A と，高さ 10cm の正十二角柱（底面が正十二角形である角柱）の形をした容器 B があります。容器の厚みは考えないものとします。

容器 A　　　　　　　容器 B　　　　　　容器 B の底面

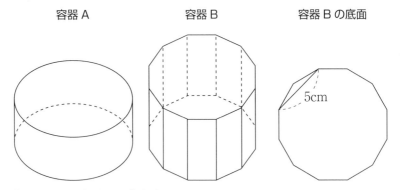

① 容器 B の底面の面積を求めなさい。

式：

答え　　　　cm²

② 容器 A にいっぱいになるまで水を入れた後，その水をすべて容器 B に移しました。このとき，容器 B の水面の高さを求めなさい。

式：

答え　　　　cm

⑤，⑥の各問いについて☐にあてはまるものを入れなさい。

5 図のような立方体の展開図の面に1から6までの
整数を1つずつ書きます。組み立てたとき，3組の
向かい合う面の数の和がすべて異なり，いずれも7
にならないようにします。面⑤に「6」を書いたと
き，面⑥に書くことができる数をすべてあげると
☐です。

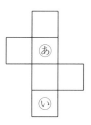

解説④⑤

④ (1)

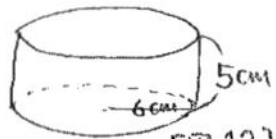

[図13]

$6 \times 2 \times 3.14 \times 5 = 188.4$ (cm²)　　　188.4 cm²

(2)①

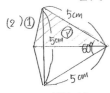

[図14]

容器Bの底面は[図14]のような形が6個合わさったものなので、
斜線部⑦の二等辺三角形の面積は底辺が5cm、高さが
$5 \div 2 = 2.5$ (cm) なので $5 \times 2.5 \div 2 = 6.25$ (cm²)。
正十二角形はこれが12個あるので、$6.25 \times 12 = 75$ (cm²)

75 cm²

② 容器Aに入っている水の体積は $6 \times 6 \times 3.14 \times 5$ (cm³)
これを容器Bの底面積でわると、$\dfrac{6 \times 6 \times 3.14 \times 5}{75} = \dfrac{37.68}{5} = 7.536$ (cm)

7.536 cm

⑤ 条件としては
$\left\{ \begin{array}{l} 向かい合う面の数の和がすべて異なる \\ 向かい合う面の数の和が7にならない \end{array} \right.$
表を作り、条件の満たすものを選ぶ

(⑥, ①)合計	残りの数の組合計					
(6, 2) 8	(1,3)と(4,5)	4　9	(1,4)と(3,5)	5　8	(1,5)と(3,4)	6　7
(6, 3) 9	(1,2)と(4,5)	3　9	(1,4)と(2,5)	5　7	(1,5)と(2,4)	6　6
(6, 4) 10	(1,2)と(3,5)	3　8	(1,3)と(2,5)	4　7	(1,5)と(2,3)	6　5
(6, 5) 11	(1,2)と(3,4)	3　7	(1,3)と(2,4)	4　6	(1,4)と(2,3)	5　5

[図 15]

[図15]より条件に合うものは ① が 2、4、5 のときである。

2、4、5

6 右端から左端までが 20m のプールを兄と妹が往復します。兄は一定の速さで泳ぎ、1往復するごとに 10 秒間休みますが、妹は一定の速さで泳ぎ続けます。2人は同時に泳ぎ始め、妹が 16m 泳いだときに初めて兄とすれちがい、兄がちょうど 5 往復したときに妹はちょうど 4 往復しました。

(1) 「泳ぎ始めてからの時間 (秒)」と「プールの右端との距離 (m)」の関係を、兄は———で、妹は------- で途中までグラフに表します。グラフ①からグラフ④のうち、正しいものはグラフ [　　] で、⑦にあてはまる数は [　　] です。

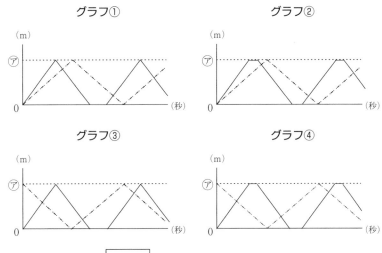

グラフ①　　　　　　　　　グラフ②

グラフ③　　　　　　　　　グラフ④

(2) 妹は 20m 泳ぐのに [　　] 秒かかります。

(3) 2人が2回目にすれちがうのは、泳ぎ始めてから [　　] 秒後です。

(4) 2人が(3)ですれちがった地点と同じ地点で次にすれちがうのは、泳ぎ始めてから [　　] 秒後です。

解説 6

(1)

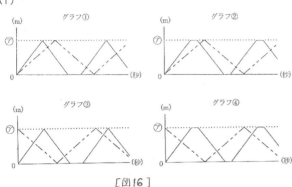

[図16]

右端から左端までが20m
のプールを往復するので、
グラフの㋐にあてはまる数は
20m になる。
兄 ── は1往復ごとに
10秒休むので、グラフ①と
グラフ③が該当する。
また妹が16m泳いで初め
て兄とすれちがうということは、
兄と妹がスタートする時に、
違う側にいるとすると、妹が
16m泳ぐ間に兄は20-16=4(m)
しか泳いでいないことになりその

様なグラフはないので、スタート時には兄と妹は同じ側からスタートする。よってグラフ①が正しい。

①, 20〃

(2) 妹が16m泳いだ時兄は、20+(20-16)=24(m) 泳いでいるので、2人の速さの比は、
兄：妹＝24m：16m＝3：2。時間の比は速さの比の逆比になるので2：3。
兄の1往復する時間を②、妹の1往復する時間を③とすると、兄は②×5往復する
間に10秒の休みを4回とっているので②×5+40秒、妹は③×4でこの時間が
等しくなるので②×5+40秒＝③×4。⑩+40秒＝⑫。40秒＝②。①＝20秒、
妹は1往復するのに③かかるので20×③＝60秒。よって片道(20m)では60÷2＝30(秒)

30〃

(3)

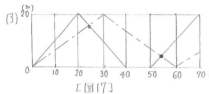

[図17]

兄は20mを②×20秒÷2＝20秒で泳ぎ、妹は
30秒で泳ぐのでグラフに描くと[図17]のように
なる。2回目にすれちがうのは40秒と50秒の
間で、その10秒間を、2：3に分けるので
$10 \times \frac{2}{2+3} + 50 = 54$(秒)

54〃

(4)

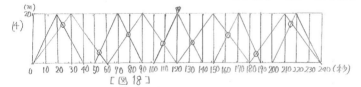

[図18]

兄4往復と妹5往復をグラフに描くと、[図18]となり、120秒のラインで線対称の
図形になっているので、(3)ですれちがった地点と同じ地点ですれちがうのは、180秒と
190秒の間となり、240秒より54秒ひいた時間となる。よって240-54=186(秒)。

186〃

2020 年度 女子学院中学校

【注意】　円周率は 3.14 として計算しなさい。

1　(1)～(5)は　□　にあてはまる数を入れなさい。

(1) $20 \div \left\{ \left(\boxed{} + \dfrac{5}{16} \right) \div 0.325 \right\} - 6\dfrac{2}{3} = 4$

(2) 図のひし形 ABCD の面積は □ cm²
です。

(3) 図の四角形 ABCD は正方形で，曲線は
円の一部です。

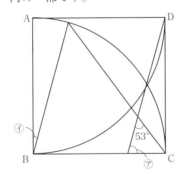

角⑦ は □ 度

角④ は □ 度

(4) 一個 □ のジャガイモを，4個入りの1袋で買うと10%引きの値段に
なります。ジャガイモ1袋とニンジン3本は同じ値段です。ジャガイモ
を2個と1袋、ニンジンを5本買うと合計754円です。

(5) Aさんは1日おき，Bさんは2日おき，Cさんは3日おきに，あるボラ
ンティア活動をしています。ある年の7月1日の土曜日に3人は一緒に
活動しました。次に，この3人が土曜日に一緒に活動するのは，同じ年
の □ 月 □ 日です。

(6) 図の四角形 ABCD は長方形です。
角⑦〜角⑦のうち，46° である角
に〇を，そうでない角には×を
表に入れなさい。

⑦	⑦	⑦	⑦	⑦

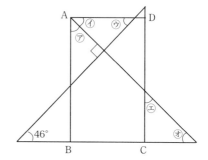

解説 ①

① (1) 20 ÷ {(□ + 5/16) ÷ 0.325} − 6 2/3 = 4　／　20 ÷ {(□ + 5/16) ÷ 13/40} = 4 + 6 2/3 = 32/3

(□ + 5/16) ÷ 13/40 = 20 ÷ 32/3 = 15/8　／　□ + 5/16 = 15/8 × 13/40 = 39/64　／　□ = 39/64 − 5/16 = 19/64　19/64

(2)

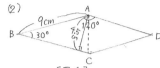

[図1]

[図1] のように点AとCを結び二等辺三角形ABCを作る。
角ABC = (360 − 150×2) ÷ 2 = 30(度)なので、下の補足より、
三角形ABCは辺BC = 9cm を底辺としたとき高さは
9 ÷ 2 = 4.5(cm) となる。よって三角形ABC = 9×4.5÷2 で
ひし形ABCD = 9×4.5÷2×2 = 40.5 となる。　40.5cm²

[補足]
頂角が30°の二等辺三角形は等辺を a cm を底辺としたときの高さは
底辺の半分 1/2 × a (cm) となる。[図2] より。

(頂角が30°の二等辺三角形を2つつけて正三角形を作る。)

[図2]

(3)

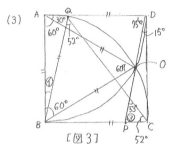

[図3]

[図3] のように記号のついていない交点をO、P、Qとする。
点AとO、BとOを直線で結ぶと辺AB、AO、BOは
長さが等しく、正三角形ABOができる。
⑦：辺AD = 辺AO (おうぎ形の半径) なので三角形ADOは
二等辺三角形で角DAO = 90° − 60° = 30°。角ADO =
(180° − 30°) ÷ 2 = 75°。角PDC = 90° − 75° = 15°。よって
⑦ = 180° − (15° + 90°) = 75°　⑦ 75度
④：⑦ = 75° なので角BCQ = 180 − (53 + 75) = 52°。辺BC =
辺BQ (おうぎ形の半径) なので三角形BCQも二等辺三角形
で角BQC = 52°。よって角QBC = 180° − 52°×2 = 76°。④ = 90° − 76° = 14°
④ 14度

(4) じゃがいも1個の値段を ①、にんじん1本の値段を ⑮ とすると、
①①① = ⑮⑮⑮ ⇒ ①×4×0.9 = ⑮×3。⑮ = ①×3.6÷3 = ①×1.2
①×4×0.9 + ①×2 + ⑮×5 = 754(円) の式の ⑮ の所に ⑮ = ①×1.2 を代入して、
①×5.6 + (①×1.2)×5 = 754。①×11.6 = 754。① = 754÷11.6 = 65(円)　65円

(5)

	土	日	月	火	水	木	金	土	日	月	火	水	木	金
	1	2	3	4	5	6	7	8	9	10	11	12	13	14
A	○		○		○		○		○		○		○	
B	○			○			○			○			○	
C	○				○				○				○	

[図4]

[図4] のようにAさんBさん、Cさんの 7月1日(土) からの
活動日を表にすると、7月1日から12日後にふたたび
3人が一緒に活動することがわかる。(2、3、4の最小
公倍数)。1週間は7日なので、7と12の最小
公倍数後が次に3人が土曜日に一緒に活動する日となるので、84日後。7月1日を数えると
7月1日を含めて 84 + 1 = 85日となるので、85 − 31 − 31 = 23…9月　よって 9月23日
(7月) (8月)

(6)

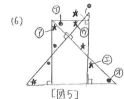

[図5]

46°を ★、90° − 46° = 44° を ● とすると [図5] のようになる。

⑦	④	⑦	④	⑦
○	×	○	○	×

⑦ ○　④ ×　⑦ ○　④ ○　⑦ ×

2 図の四角形 ABCD は正方形で，曲線は円の一部です。(1)は □ にあて
はまる数を入れなさい。

(1) 辺 AB の長さは □ cm です。

(2) 図の影^{かげ}をつけた部分の周の長さを求めなさい。(式も書きなさい)

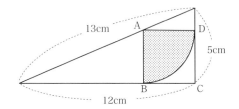

3 次の □ に最も適切なことばや数を入れなさい。ただし、1 マスに 1 字ず
つ入ります。

(1) 1 以外の整数で、1 とその数自身しか約数がない数を □□ といいます。

(2) 2 つの数の □ が □ となるとき，一方の数を他方の数の逆数といいます。

(3) 円周率とは □□ が □□ の何倍になっているかを表す数です。

解説②③

②

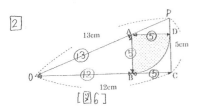

[図6]

(1) [図6]のように、左側の頂点をO、上の頂点をPとする。三角形POCは13cm、12cm、5cmの直角三角形で三角形POCと相似の三角形は全て辺の比は13:12:5となる。[図6]のように辺OA=⑬、辺OB=⑫、辺AB=⑤となるので辺BCも⑤となる。(正方形より)。よって辺OC=⑫+⑤=⑰で、⑰=12cmとなる。①=$\frac{12}{17}$cm、辺AB=⑤=$\frac{12}{17}$×5=$3\frac{9}{17}$(cm)

$3\frac{9}{17}$ //

(2) おうぎ形の半径が$3\frac{9}{17}$cmなので弧の長さは$3\frac{9}{17}$×2×3.14×$\frac{1}{4}$。それに半径2つ分を合わせると、$3\frac{9}{17}$×2×3.14×$\frac{1}{4}$ + $3\frac{9}{17}$×2 = $\frac{214.2}{17}$ = 12.6(cm)

12.6cm //

③ (1) 素数 (2) 積、1   (3) 円周、直径 (円周 = 直径 × 円周率)

4 図のように，半径 3cm で中心角が 90°のおうぎ形と，1 辺の長さが 3cm
のひし形を組み合わせた図形を底面とする，高きが 6cm の立体があります。点 P は，1 → 2 → 3 → 4 → 5 → 6 → 7 → 8 → 9 → 1 の順で線に沿って動きます。点 P が 6cm の辺上を動くときの速さは，3cm の辺上を動くときの速さの 2 倍です。下のグラフは，点 P が進んだ時間（秒）と道のり（cm）の関係を表したものです。グラフのア，イ，ウの □ にあてはまる数を入れなさい。

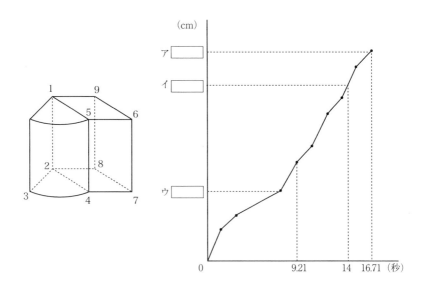

解説 4

4 点Pが 1から順に進んでいく道のりは

$$1 \xrightarrow{6cm} 2 \xrightarrow{3cm} 3 \xrightarrow{4.71cm} 4 \xrightarrow{6cm} 5 \xrightarrow{3cm} 6 \xrightarrow{6cm} 7 \xrightarrow{3cm} 8 \xrightarrow{6cm} 9 \xrightarrow{3cm} 1$$

6cm は 3cm の 2倍であり、6cm の辺上を動く速さは 3cm の辺上を動く速さの 2倍となるので、かかる時間は、6cm の辺上も 3cm の辺上も同じになる。よって[図7]の★は同じ間隔となる。9.21秒から 16.71秒までは★が 5個分なので 1つの★の間隔は

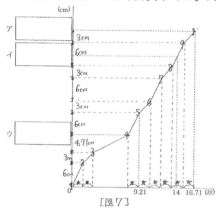

[図7]

16.71 - 9.21 = 7.5(秒)
7.5秒 ÷ 5 = 1.5(秒)となる。
以上をグラフに書きこんでいくと
ア = 6 + 3 + 4.71 + 6 + 3 + 6 + 3 + 6 + 3 = 40.71(cm)
ウ = 6 + 3 + 4.71 = 13.71(cm)
ということがわかる。

イは 8と9の間にあり、イの位置を点aとすると
点Pが点aの地点から 9までいくのに
16.71 - 14 - 1.5 = 1.21(秒)かかり、
点Pが 8から点aの地点までいくのには
1.5 - 1.21 = 0.29(秒)かかる。
よって、点aは 6cmを 0.29 : 1.21 = 29 : 121 に
わけた所になる。$6 \times \frac{29}{29+121} = \frac{29}{25} = 1.16$(cm)。
点aは 8から 1.16cm 進んだ地点となる。

よってイ = 6 + 3 + 4.71 + 6 + 3 + 6 + 3 + 1.16 = 32.87(cm)

ア 40.71   イ 32.87   ウ 13.71 〃

5　下のように，AからPまでに，ある整数が入っている表があります。この表に，次の規則に従って○か×の印をつけます。

①　AからPまでの数の1つに○をつけ，その数と同じ行，同じ列に並んでいる印のついていない数すべてに×をつける。

②　印のついていない残りの数の1つに○をつけ，その数と同じ行，同じ列に並んでいる印のついていない数すべてに×をつける。

③　もう一度②を行い，残った数に○をつける。

	1列目	2列目	3列目	4列目
1行目	A	B	C	D
2行目	E	F	G	H
3行目	I	J	K	L
4行目	M	N	O	P

この表の一部の整数は、右のようになっています。

A	12	C	D
E	15	G	9
8	J	9	L
M	N	15	11

この表では，どこを選んで○をつけていっても，①から③の作業をした後に○のついた数の和がいつでも同じになることが分かりました。

(1)　①から③の作業をした後に○のついた数は全部で [　　　　] 個あり，それらの数の和はいつでも [　　　　] です。

(2)　Aに入っている数は [　　　　]、Gに入っている数は [　　　　] です。

(3)　この表に入っている一番大きい数は [　　　　]、一番小さい数は [　　　　] です。

解説 5

5 (1)

① Aに○を付けると、1列1行に印が付くので残りは3列3行となる。

② 次にFに○を付けると、3列3行のうち1列1行に印が付くので残りは2列2行となる。

③ その次にKに○を付けると、2列2行のうち1列1行に印が付くので残りは1マス。

④ 最後に残ったPに○を付ける。

[図8]

上記より、○の付いた数は全部で**4個**。数の和は実際に数字の入ったマスを使って計算する。

(列, 行)と表わすと (2列, 1行)＝12に○。2列目、1行目にXを付ける。
(4列, 2行)＝9に○。4列目、2行目にXを付ける。
(1列, 3行)＝8に○。1列目、3行目にXを付ける。
(3列, 4行)＝15に○。○の付いたものを全てたすと 12＋9＋8＋15＝**44**。

[図9]

(2) (1)のように○を付ける箇所を (1列, 1行)＝A、(2列, 2行)＝15、(3列, 3行)＝9、(4列, 4行)＝11とすると、A＝44－(15＋9＋11)＝**9**。([図10])

[図10]

次に (3列, 2行)＝G、(2列, 1行)＝12、(1列, 3行)＝8、(4列, 4行)＝11に○を付けると G＝44－(12＋8＋11)＝**13**。([図11])

[図11]

(3) (2)と同様に C、D、E、J、L、M、N も計算する。アルファベットと3つの整数が列も行も重ならないようにアルファベット1つに対して整数を3つ選んで計算していく。

[図12] [図13] [図14] [図15] [図16] [図17] [図18]

[図12]より C＝44－(15＋8＋11)＝10
[図13]より D＝44－(15＋8＋15)＝6
[図14]より E＝44－(12＋9＋11)＝12
[図15]より J＝44－(10＋12＋11)＝11
[図16]より L＝44－(9＋15＋15)＝5
[図17]より M＝44－(6＋13＋11)＝14
[図18]より N＝44－(9＋9＋9)＝17

一番大きい数 **17**、一番小さい数 **5**

6 姉と妹が，川の上流の A 地点と下流の B 地点の間を，ボートをこいで
移動します。静水（流れのないところ）で，2 人のボートの進む速さは，
それぞれ一定です。

A 地点と B 地点は 2.4km 離れていて，川は毎分 15m の速さで流れてい
ます。姉が A 地点から B 地点に向けて，妹が B 地点から A 地点に向け
て同時に出発すると，A 地点から 1.8km の地点で 2 人は出会います。姉
が B 地点から A 地点に向けて，妹が A 地点から B 地点に向けて同時に
出発すると，A 地点から 1.5km の地点で 2 人は出会います。

(1)　静水でボートの進む速さは，姉は毎分 [＿＿＿＿] m，妹は毎分 [＿＿＿＿] m
です。

(2)　ある日の 8 時 10 分に，姉は B 地点を，妹は A 地点をそれぞれ出発して
A 地点と B 地点の間を 1 往復しました。

2 人が 2 回目に出会うのは [＿＿＿＿] 時 [＿＿＿＿] 分のはずでしたが，姉
が A 地点を出発してから [＿＿＿＿] 分 [＿＿＿＿] 秒の間，ボートをこが
ずに川の流れだけで進んだため，実際に 2 人が 2 回目に出会ったの
は，[＿＿＿＿] 時 [＿＿＿＿] 分で，A 地点から 1.2km の地点でした。

解説⑥

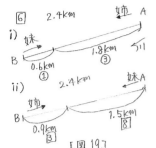

⑥ 2.4km 姉 A
i) 妹
B 0.6km 川
① 1.8km ③

ii) 2.4km 妹A
姉
B 0.9km 1.5km
③ ⑧
[図19]

静水時での姉のボートの速さを㊛、妹のボートの速さを㊟、川の流れの速さを⑪とする。

i) ㊛+⑪ : ㊟-⑪ = ③ : ① （③+①=④)×2 ⇒ ⑥ : ②

ii) ㊛-⑪ : ㊟+⑪ = ③ : ⑤ ③+⑤=⑧

(1) i) 姉の速さ=㊛+⑪、妹の速さ=㊟-⑪。姉+妹の速さ=㊛+⑪+㊟-⑪ = ㊛+㊟。

ii) 姉の速さ=㊛-⑪、妹の速さ=㊟+⑪。姉+妹の速さ=㊛-⑪+㊟+⑪ = ㊛+㊟。

以上より、姉と妹をたした速さは、i)もii)も同じになるので、2人が出会うまでの時間も同じになる。よって出会うまでに進んだ距離の比はそれぞれ

i) 1.8km : 0.6km=③:① ⇒ ③+①=④ ④×2=⑧ なので○数字をそれぞれ2倍
ii) 1.5km : 0.9km=⑤:③ ⇒ ⑥+③=⑧ すると基準が⑧にそろえられる。

よって ③:①→⑥:② ㊛+⑪:㊟-⑪ と ③:⑤→㊛+⑪
⑦㊛+⑪)：㊛-⑪)=⑥:③ （〜〜部分）なので ⑪×2=③。⑪=⑴.⑸=15m/分。
よって㊛=⑥-⑴.⑸=4.5=45m/分。 ㊟=②+⑴.⑸=③.⑸=35m/分。
姉 毎分45m、妹 毎分35m

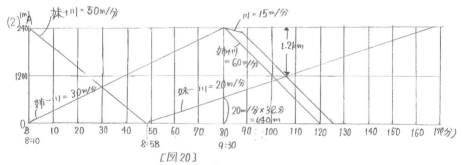

(2) [図20]
妹+川=50m/分
川=15m/分
姉+川=60m/分
1.2km
姉-川=30m/分
妹-川=20m/分
20m/分×32分=640m
8:10 8:58 9:30

2人が往復する様子をグラフで表わすと[図20]のようになる。また姉がボートをこがずに川の流れだけで進むタイミングは姉が折り返してから妹に会うまでの間で、場所が同じ結果となるので、折り返してすぐのタイミングで表わすこととする。
姉がボートをこぎ続けた場合、2人が2回目に出会うのは、(2400-640)÷(60+20)=22(分)。
9時30分+22分=9時52分 9時52分
実際に2人が2回目に出会った時刻は妹が折り返してから1200÷20=60(分)なので時刻は9時58分。よって姉は9:58-9:30=28分間かかって
1200mを進む。つるかめ算([図21])を用いて(60×28-1200)÷(60-15)=10 2/3(分)
=10分40秒。 10分40秒 9時58分

[図21] 15m/分 □ 200m 60m/分 28分

おわりに

　はじめまして、著者の秋山です。現在、私は実父の介護に関わる中で心を込めて原稿を書きました。

　父は二度、脳梗塞を発症し、今では自分では寝返りもできず、暑くても寒くても自分で布団の調節もすることができず、口から食べ物を飲み込むこともできないので胃に穴をあけて直接胃に食べ物を入れて栄養を取っています。それでも一生懸命に生きていて、私の心配をしてくれたり、仕事に行くときは「行ってらっしゃい」を言う代わりにうなずいてエールを送ってくれています。

　私は今までは子育てを中心に仕事をする毎日でしたが、子供たちが巣立ったタイミングで介護が始まりました。

　子育てでは子供の数だけ悩みも増えました。はじめ私のストレスが子供に影響していることなど全く考えず、子供が精神的に不安定になっている姿を見てオロオロしていましたが、自分のストレスと子供の精神状態の関係を知ってからは子供を守るためにも私が自分の心に正直に生きる選択をしていきました。

　私が自分の心に正直に生き始めると、子どもたちは精神状態が安定してきました。その後、小学生になってからも何が正しくて何が間違っているかも分からず、勉強させて少しでも偏差値の高い学校に入れたらそれが成功と思っていました。

　娘は私を困らせないように必死で勉強してくれましたが、息子は勉強することにひどい反発を示しました。相談できる人が誰もいない状態でしたので、自分もボロボロでしたが、息子のためになんとかしなくてはいけないと思っていました。その時の私にできたことはひたすら内省して自分の何が間違っているのか、どうすれば息子は本来の自分の持っている可能性を生き生きと活かせるようになるのか、とずっと悩みました。

　小学生の時から息子の勉強に対する反発が始まり最終的には浪人時代まで続きました。その間、大変に悩みましたが、結果的に
「世間的にマイナスな出来事であったとしても、この子は勉強ができてもできなくても他の人には真似できないとても優しい心を持っている。彼の全ての面が彼の魅力である。」

　そのこと気付かされました。

　私の気付きによって彼の人生の流れが急展開したように、長かった浪人生活を終えて大学に合格し、成績優秀で３年間で学部を卒業し、大学院修士課程を経て今は博士課程へ進んでいます。大切なことに私が気付いた途端に彼は生き生きと自分の人生を歩み始めました。子育てのからくりを見たようでした。

　娘は比較的順調に高校、大学と進み今では大学院の修士課程に進んでいますが、その娘が大学に入って言ったことが「小さい頃はお母さんが喜ぶ姿が見たくて勉強していたけれど、今になって勉強すること、新しいことを学ぶことを心から楽しいと思う。自分が勉強に対する価値観が分からないときにも勉強をさせてくれて本当に良かった。この環境を与えてくれて本当にありがとう。」ということでした。この言葉を聞いたとき、子育てが完了した気がしました。今後、子どもたちはしっかりと自分の足で自分の道を進んで行くことと思います。

　人生大変なこと辛いとこ悲しいことなどいろいろありますが、その経験が終わってみると、大変な山が大きければ大きいほど乗り越えたあとの幸せも大きいのではないかと思います。だから一概に辛く大変な人生が悪い訳ではないと今になっては思うことができます。

　さてこれから社会に出ていく準備をしている皆さんとその保護者様には、どんな風に生きれば幸せに繋がるのかを深く考えながら時間を大切にして欲しいと思います。

　私の経験が少しでも参考になれば嬉しいです。皆さんが生きていく上では人と意見が合わずにぶつかること、思うようにならずイライラすること、自分の思いが相手に分かってもらえずもどかしいこと、一方的に強制されて理不尽に思うことなどネガティブな思いも数多く起こってくると思います。

　でもそれを経験して深く内観して乗り越えていく、その経験がその後の人生の強い支えになっていくのではないかと感じます。

　その支えを大切に持っている人に、少なくとも私は魅力を感じます。知識を蓄え、物事を考える力を身につけて「どう生きるか」と言うことに対して自分なりの答えを出してみてください。同じ物事であってもどう考えるかはその人次第です。拙著がその手助けになれば幸いです。

KAI 算数教室・そろばん教室のご案内

▶教室の特徴

KAI 算数教室は大手中学受験塾の２年～３年前倒しで授業を行います。

特殊な解法を用いる算数の難問に対して、小学校低学年でも正解を導くオリジナル解法があります。

私立中受験にも合格実績があり、金銭に変えられない計算技術と算数のチカラを身につけることができる教室です。

① 珠算との併用で小学1年で鶴亀算、連立方程式の文章題に取り組みます。(当教室は 50 年続く珠算教室でもあります)
② 計算技術で受験算数の問題に対し取り組みます。そのオリジナル解法は自家製メソッドです。(算数単科の生徒も歓迎いたします)

KAI 算数教室公式 HP → https://kainoki.hp-ez.com/
オンライン算数教室のご案内→公式サイト　kainoki.info/online/
そろばん教室のご案内→公式サイト　https://miyamotosoroban.hp-ez.com/

KAI 算数教室ブログのご案内→公式サイト　https://ameblo.jp/kainoki/
(不定期で小学生向けにブログを更新しています。下記にひとつ記事をピックアップします)

1000 円札

真理は痛みや苦悩から生まれる。

野口英世は子供のころ左手にひどいやけどをした。指を動かせなくなった。
清作(野口英世)は将来を悲観し、不登校になる。未来を描けなくなったのだ。

「どんなことがあっても、おまえだけは一生安楽に養い通すぞ、たとえこの母が食べるものを食べずとも（野口英世　母）」

　母のシカさんは、左手の不自由な息子に農作業は無理だと考えた。

　学問で身を立てさせたいと思い、必死に働き清作の学費を稼ぐことにした。

　湖にもぐって漁の仕事をする。当時の状況で女性では命の危険があった。

　山道を20キロの荷物を担いで運ぶ運送の仕事をする。男性でないと難しい仕事だ。

　世間の目に晒されながら、自分の寿命と引き換えにするように清作が学校に通えるお金を用意した。

　清作の才能に「母の姿」が刷り込まれた。そして必死に勉強に取り組んだ。

　大人になりアメリカにわたって蛇毒や梅毒、黄熱病の研究に猛烈に打ち込み、成果をあげた。

　そして世界に名の知られた人間になる。

　ただし、おそらく野口英世の行動の目的は人類全体に貢献する研究成果を残すことではない。

　学問で身を立てた姿を母親に見せることを最大の目的にしていたはずだ。

　私はそんな感性を持っている人間が好きだ。

　プロ野球のスカウトは億を超える契約金を用意して、プロの世界で活躍できるか否かを判断するために（選手）候補者の母親の姿を見に行くといわれている。

　選手の才能に織り込まれた「何か」を見極めることを大切にしている。

　理にかなった審理なのかもしれない。

◆執筆者プロフィール◆

秋山雄子（あきやまゆうこ）

　都立小石川高校、東京農工大学卒業後、日比谷花壇造園土木（現在、日比谷アメニス）に入社。環境設計部、システム事業部、総合経営企画室に所属し、システム事業部において、CAD、ワープロソフト、表計算ソフトの講師をつとめる。退社後、小中学生対象の塾講師、個別指導、日本語学校教師などを経て、現在中学受験専門のプロ講師。

KAI 算数教室代表
宮本健太郎（みやもとけんたろう）

成蹊大学を卒業後、大小さまざまな規模の学習塾と予備校で経験を積んだ後 2011年 KAI 算数教室を開業。
2014年、家業であるそろばん教室創業者の母が難病に倒れ、母親と家業を守るため宮本そろばんに参加。
2018年 外語センター三鷹を M&A、代表に就任。
実績　難関私立中合格実績、算数オリンピック入賞の実績、難関大学合格の実績等多数あり
資格　珠算 6 段、暗算 6 段

手書きで書いているため文字や図が見にくい場合は、下記までお問い合わせください。
ご対応いたします。
KAI 算数教室代表　宮本 spkf9vw9@estate.ocn.ne.jp

KAI算数教室 (かいさんすうきょうしつ)

個人事業　KAI算数数学教室　　法人　有限会社日本ヒューマンウェアー研究会

事業内容 ■ そろばん教室 ■ そろばんを活かした算数教室 ■ 中学受験算数の授業（難関私立中の合格実績あり）■ 英会話教室 ■ 受験英語の授業 ■ 外国語（多言語）のオンライン、オフライン授業

事業場所 ■東京都三鷹市　■千葉県千葉市

住所 〒181-0013 東京都 三鷹市下連雀 3-37-13 ルバルゴーラ 301

住所 〒263-0043 千葉市稲毛区小仲台 7-20-1 第 2SK ビル三階

問い合わせ　【メール歓迎】spkf9vw9@estate.ocn.ne.jp

中学受験算数

筑駒・開成・麻布・桜蔭・女子学院中学校
の過去問 3 年分解説

2023 年 9 月 20 日　　初版第 1 刷発行

著　者　KAI算数教室

編集人　清水智則　発行所　エール出版社

〒101-0052　東京都千代田区神田小川町 2-12　信愛ビル 4 F

電話　03(3291)0306　　FAX　03(3291)0310

メール　edit@yell-books.com

＊乱丁・落丁本はおとりかえします。

＊定価はカバーに表示してあります。

ISBN978-4-7539-3553-6

中学受験算数専門プロ家庭教師・熊野孝哉が提言する
難関校合格への 62 の戦略

● 開成中合格率 78％など、難関校入試で高い成功率を残す算数専門プロ家庭教師による受験戦略書。「マンスリーテスト対策を行わない理由」「開成向きの受験生と聖光向きの受験生」「公文式は中学受験の成功率を底上げする」「プラスワン問題集の効果的な取り組み方」「海陽（特別給費生）は最高の入試体験になる」など、難関校対策に特化した 62 の戦略を公開。

ISBN978-4-7539-3511-6

中学受験を成功させる
算数の戦略的学習法難関中学編

● 中学受験算数専門のプロ家庭教師・熊野孝哉による解説書。難関校対策に絞った塾の選び方から先取り学習の仕方、時期別学習法まで詳しく解説。

1 章・塾選び／2 章・先取り／3 章・塾課題と自主課題／4 章・算数の学習法 1（5 年前期）／5 章・算数の学習法 2（5 年後期）／6 章・算数の学習法 3（6 年前期）／7 章・算数の学習法 4（6 年後期）／8 章・その他（過去の執筆記事）／9 章・最新記事

ISBN978-4-7539-3528-4

熊野孝哉・著 　　　　　●本体各 1500 円（税別）

中学受験算数
東大卒プロ家庭教師がやさしく教える
「割合」キソのキソ

割合が苦手な生徒はこの本を読んで割合が得意になろう！ 割合を学んだことのない生徒はこの本で1から割合を学ぼう！

第1章 割合ってなんだろう／ 第2章 くらべられる量を求めよう／第3章 もとにする量を求めよう／ 第4章 割合の3用法の覚え方／第5章 知っておくと役に立つ！ 割合の裏ワザ／ 第6章 百分率について学ぼう！／ 第7章 歩合について学ぼう！／ 第8章 1をもとにする割合、百分率、歩合を復習しよう！／ 第9章 割合の文章題を解いてみよう！／ 第10章 良く頑張りましたね！

ISBN978-4-7539-3467-6

中学受験算数
計算の工夫と暗算術を究める

2ケタ×2ケタの新しい暗算術「ニコニコ法」や分数の割り算をひっくり返さずに速く解く「高速××法」、比の計算の工夫など、どの本にも載っていない、だれよりも計算に強くなる方法がいっぱい。

どうすれば計算力が強くなるのか／ニコニコ法で2ケタ×2ケタのかけ算は筆算を使わずに解ける／分数の割り算・高速XX法／小数計算が楽になる「小数点のダンス」／2ケタ×11の暗算術／分配法則を使った暗算術／3ケタ×1ケタの暗算術／覚えるべき小数と分数の変換／かけ算と割り算の混ざった式の計算の工夫など

ISBN978-4-7539-3488-1

小杉拓也・著 　　　　　　　　◎本体各1500円（税別）

単なる丸覚えから脱し、論述や理由を問う学校の入試対策に役立つ!!

中学受験
論述でおぼえる最強の理科

第 1 章　植物編／第 2 章　生態系・環境編／第 3 章 動物編／第 4 章　人体編／第 5 章　電気・磁石・電磁石編／第 6 章　天体・星・月編／第 7 章　燃焼編／第 8 章　熱編／第 9 章　気体・圧力編／第 10 章　力学編／第 11 章　気象・天気編／第 12 章　台地・地層・地球史編／第 13 章　音・光編

ISBN978-4-7539-3449-2

中学受験
論述でおぼえる最強の社会

第 1 章　地理分野

　　農業・水産・林業

「なぜ」に特化し、論述力も同時に鍛えられる画期的問題集が誕生!!

第 2 章　歴史分野

　　古代から平安／鎌倉・室町時代・戦国時代／江戸時代／明治維新から第二次世界大戦／戦後

第 3 章　公民分野

　　法・政治・国会／暮らし・社会・経済関連／国際社会・世界／環境問題・世界遺産・時事問題

ISBN978-4-7539-3518-5

長谷川智也・著　　　　　　　　　　　◎本体各 1500 円（税別）

中学受験国語
文章読解の鉄則

受験国語の **「文章読解メソッド」** を完全網羅！

難関中学の合格を勝ち取るには、国語こそ「**正しい戦略**」が不可欠です

国語の学習法を劇的に変える「究極の一冊」

第1章　中学受験の国語の現状
第2章　「読み方」の鉄則
第3章　「解き方」の鉄則
第4章　「鉄則」で難関校の入試問題を解く
第5章　中学受験　知らないと差がつく重要語句

井上秀和・著　　　　◎本体 1600 円（税別）　　　ISBN978-4-7539-3323-5

中学受験国語の必須語彙 2800

ベストセラー『中学受験国語 文章読解の鉄則』の著者が放つ待望の第二弾！

文章読解のために欠かせない語彙が、すべて問題付きでスラスラと頭に入る！

重要度も A・B・C ランク分けで効率的に学習できる。中学受験国語学習のために絶対そばに置きたい 1 冊。

ISBN978-4-7539-3506-2

井上秀和・著　　　　　　　　　　　　◎本体 2000 円（税別）